U0227160

Style Integration and Innovation

风格的融合与创新 1

广州市唐艺文化传播有限公司 编著

華中科技大學出版社
http://www.hustp.com

图书在版编目（CIP）数据

风格的融合与创新. 1 / 广州市唐艺文化传播有限公司编著. -- 武汉 ：华中科技大学出版社，2013.4
ISBN 978-7-5609-8799-6

Ⅰ. ①风… Ⅱ. ①广… Ⅲ. ①建筑设计－中国－现代－图集 Ⅳ. ①TU206

中国版本图书馆CIP数据核字(2013)第069655号

风格的融合与创新 1

广州市唐艺文化传播有限公司 编著

出版发行：华中科技大学出版社（中国 · 武汉）
地　　址：武汉市武昌珞喻路1037号（邮编：430074）
出 版 人：阮海洪

责任编辑：赵慧蕊
责任校对：张雪姣
责任监印：张贵君
装帧设计：肖　涛

印　　刷：利丰雅高印刷(深圳)有限公司
开　　本：1016 mm × 1320 mm　1/16
印　　张：18
字　　数：160千字
版　　次：2013年5月第1版 第1次印刷
定　　价：285.00元（USD 57.00）
套装定价：650.00元（USD 130.00）

投稿热线：(027)87545012　6365888@qq.com
本书若有印装质量问题，请向出版社营销中心调换
全国免费服务热线：400-6679-118 竭诚为您服务

前 言

纵观近年楼盘建筑风格的走向，整体设计仍以西方古典主义风格为主导。

一方面，欧洲大陆从北到南、从古到今，一切有可能在建筑中运用到的风格，都成为中国设计师所模仿的对象，但凡发现某个类型比较受欢迎就立马蜂拥而上，群起而抄之。这种倾向欧式风格的主流设计，使各大城市相继涌现出许多规模不同却风格相似的楼盘，而这种抄袭成风的现状则在力求创新的设计界引起一片哗然。另一方面，随着西方古典主义风格在广度和深度上被中国设计师不断地运用与推进，这种主流设计出现了一些细小的变化。

首先，中国设计师在经历大量的实际项目设计中，无论是对整体风格的控制，还是对细节的推敲、材料的运用，其见解日益成熟。我曾和一些国外的设计师有过交流，虽然从设计思想上，他们并不赞同在中国这个文明古国建造大量的西方古典主义风格建筑，但就建成的实景效果而言，他们一致认为在经历大量的实践之后，中国设计师对于西方古典主义风格的控制能力甚至超过许多西方设计师。

虽然对于有思想的建筑设计师而言，面对这种有违建筑艺术历史发展规律的现象有些惶恐，但除了弱弱地呼吁几句以外也束手无策，毕竟消费者的喜好不由设计师所掌控。

其次，近两年许多代表中国本土文化或当代技术，生活方式及审美趋势的现代主义风格楼盘相继出现，且被相当一部分购房者所认可。这部分购房者大多数较年轻、文化层次较高，且对新生事物的接受度也较高。随着中国国力的上升，以及现代艺术的不断推广，该类人群会越来越多，总有一天代表时代审美的现代风格楼盘或是本土文化的楼盘将会成为设计主流。

另外值得一提的是，由中国设计师王澍获得的普利兹克奖，代表了中国建筑师的崛起，代表了中国建筑师在国际舞台上话语权的提高，代表中国本土设计逐渐被认可，可以想象春天就在不远的前方。

文 叶阳（UA国际创始合伙人）

目录

P008-P129
>现代+中式

项目在建筑设计上遵循了中式院落建筑的本质，如飞檐、屋顶、院墙、天井等，虽各具特点，却都恰到好处地相互映衬。而在院落的内容和形式上，则完全将现代人所追求的生活方式和生活需求融入设计中，极具现代性。

项目采用现代中式建筑风格，在色彩上以传统的白色与灰色相结合，其独到的三进十院设计，前园、侧园、中庭、后院、下沉庭院，每个建筑细节都凸显了传统中式的经典理念，既保留了古典的优雅，又结合了现代的简约与实用。

项目意在还原海派民居建筑，为拥有海派情结的客户打造外观传统、规划现代的石库门社区。建筑全面保持里弄空间特色和肌理，利用青瓦红瓦、青砖红砖及细部处理等方式，保证里弄形式的多样化。整个建筑群体高低错落，立面上凹凸变化及窗的不同比例，表现了建筑外观变化和丰富的一面。

项目在尊重当地气候与环境的基础上，依据北高南低的缓坡地形建造富有韵味的新中式院落空间。项目大量运用表现重庆传统民居的巴渝文化元素，立面材料以高档的石材和灰色表现清雅的格调，树立渝派风格典范。

项目的建筑风格既能满足现代生活方式的需求，同时又能体现这一地区特有的江南古镇典雅而含蓄的文化特质。白墙、青砖、灰瓦等传统的建筑元素和大面积虚实对比，简约干净的现代设计手法有机地整合成一体。

>P066

项目采取现代中式建筑风格。在立面造型上，采取斜坡屋顶设计，同时通过运用石材墙面和面砖墙面的对比，以及松软的石灰石的穿插点缀，使立面造型变得更加丰富多彩。

作为纯正苏式古典园林建筑，本案设计以对古典工艺的继承、古典园林的传承为宗旨，充分融入现代居所的舒适、美观、高效的设计特点，打造独具特色、彰显地位的顶级别墅空间。

高层住宅采用简洁的现代建筑风格，联排别墅采用新中式建筑风格。项目用现代的手法把中国传统居住意境和建筑文化融入现代建筑中，同时打造出富有中国文化品质与华贵质感的现代中式园林景观，满足业主对东方生活方式和趣味性的要求。

>朗诗苏州绿色街区

项目运用现代时尚的设计手法，注入岭南元素，讲求自然、艺术与建筑的和谐。超大面积的落地窗，优雅的挑檐口，淡雅、素净的建筑立面，以流畅的现代手法演绎岭南庭院。

>珠海中邦城市花园

项目不仅强调现代主义风格，而且增加了传统中国特色的韵味在里面，使建筑回归自然。建筑造型简洁美观，韵律感强，立面色彩运用传统的灰白颜色，营造出浓厚的东方韵味。

>深圳中信岸芷汀兰

P130-P161
>赖特+中式

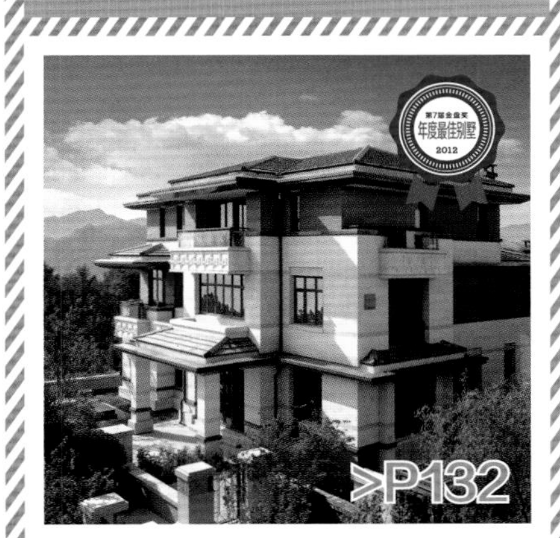

项目总体延续赖特建筑风格，保留标志性的大屋顶，立面设计通过层层退台，层层挑檐，强调线条和面的对比，体现浓厚的田园自然气息。坡屋顶采用多重挑檐和飞檐的设计，具有中国传统建筑的独特韵味，增加了建筑整体的造型感、体量感和向上的动感。

>北京亿城燕西华府

项目建筑采用了将赖特草原风格与东方庭院完美相融的设计风格。在立面细节上采用丰富、和谐的手法，通过高低错落的坡顶，塑造出丰富的立面形态。

>上海宝华栎庭

别墅以赖特经典的"罗比住宅"为原型，融入天然江湾、湿地和别墅区内部溪流、园林。水平的线条，出挑的屋顶，是赖特风格的独特标记，充满着返璞归真的天然气息和艺术魅力。

>杭州保利东湾·别墅

P162-P175
>东南亚+中式

项目萃取现代东南亚建筑文化的精髓，融合江浙的气候及人文气质，将两者自然巧妙地运用到建筑设计当中。立面以挑檐较深的大坡屋顶、石材及金属墙面，迎合杭州市场对别墅品质的要求，并从东南亚建筑中提取了一些比例构图及元素符号呼应整个项目定位。

>杭州富阳莱蒙水榭山

目 录

>P248

项目整体建筑规划采用水的元素，充分融入现代建筑设计的语言，体现现代化流畅、丰富的空间意境。同时采用武汉首个全玻璃幕墙外立面设计，立面效果通透，增加外部景观对建筑内部的自然渗透。

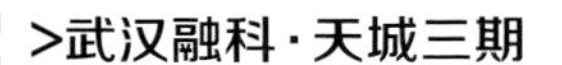

>武汉融科·天城三期

>P258

项目的五栋高层建筑极具现代感，在立面设计中，通过大面积玻璃、铝板等建筑材料的装饰，将现代风格的建筑特点全面地诠释出来。

>珠海万科珠宾花园

>P264

项目的高层建筑采用现代简约风格，简单沉稳的立面颜色、线条硬朗的立面转折，以及比例适度的外观造型，均体现出极具现代感的建筑形象。

>福州万科金域榕郡·高层

>P268

项目汲取当代经典高尚住宅建筑的特点，在设计中建筑底部和入口门廊处采用石材进行强调。具有醒目质感的砖墙，华美的大窗与阳台、飘窗和玻璃栏杆相映成趣，展现出现代建筑美感。

>深圳潜龙曼海宁花园

>P278

项目建筑采用现代典雅的立面风格，以灰白两色为主，枣红色做点缀。立面造型遵循"功能决定形式"的现代主义定律，竖向构图自下而上，既简洁又不失庄重。

>深圳清湖花半里

现代+中式在建筑文脉上的意义，是中式建筑诗画意象、诗画场景的延续，是建筑符号的简洁化和现代化；而在生活文脉上的意义，则在于，在现代人的生活方式与中式建筑之间，找到一个恰到好处的衔接；在文化情感上，为骨子里的中国文化，找到一个身心安顿的所在。

现代中式建筑以现代建筑手法与中国传统风格相结合，甄选最富代表性的传统元素，如坡屋顶、青砖、黛瓦、粉墙、镂空花窗、朱红大门、精美雕饰等，整合成具有宜人尺度、细而不繁的统一体。然而现代中式风格并不是元素的堆砌，而是通过对传统文化的理解和提炼，将现代元素与传统元素相结合，以现代人的审美需求来打造富有传统韵味的建筑美感。

关键词：现代审美 传统韵味

传统
四合院
现代
外立面

▶ 成都中国会馆

开 发 商>> 成都中新悦蓉置业有限公司
建筑设计>> 四川天筑景典设计有限公司
景观设计>> 成都市雅仕达建筑装饰工程有限责任公司
项目地点>> 成都
占地面积>> 315 276平方米
采编>> 张培华

风格融合：*项目在建筑设计上遵循了中式院落建筑的本质，如飞檐、屋顶、院墙、天井等，虽各具特点，却都恰到好处地相互映衬。而在院落的内容和形式上，则完全将现代人所追求的生活方式和生活需求融入设计中，极具现代性。*

中國會館

新中式平层院落大型社区

项目由超五星级休闲度假酒店、企业家总部会所、特色商业街及院落式低层住宅等组成，充分满足领袖人群的生活需求。

项目汲取北方四合院的设计精髓，以经典的中式建筑横平竖直的街区排列方式为依据，用河道穿插分隔出283席私家院落，并将现代人所追求的生活方式和生活需求融入设计之中。采用中国传统城市街区的井字形布局，将沱江水引入项目内，沿井字形道路形成纵横交错的内河水系，形成户户亲水的活水景观体系，并结合滨河景观带打造水乡风光，凸显"水城"地方特色。

运用现代科技净水技术

在水循环处理上，中国会馆也亮点突出。譬如河道处理，运用现代科技净水技术，将天然河水经过净化处理达到中水水质再引入园区，之后通过湿地与丰富的水生植物再进行二次天然净化，活水河道在每家每户门前院后迂回。

NOTES

新中式风格

新中式风格主要包括两方面的基本内容，其一是中国传统风格文化意义在当前时代背景下的演绎；其二是对中国当代文化充分理解基础上的当代设计。新中式风格不是纯粹的元素堆砌，而是通过对传统文化的认识，将现代元素和传统元素结合在一起，以现代人的审美需求来打造富有传统韵味的事物，让传统艺术在当今社会得到合适的体现。

四合院建筑融入现代元素

建筑设计充分吸取传统四合院的精华，遵循中式院落建筑的本质的同时，加入现代主义元素，使东方文化古典雅韵与后现代简约主义相结合，既保有四合院良好的私密性，又兼有后现代建筑的通透视线。

通过飞檐、屋顶、院墙、天井等建筑细节设计，展示中式院落建筑的特色。入户门选择大气磅礴的仿旧纯铜门，让每一座庭院都显出历史的厚重。外墙传统的贴砖工艺全部改为钢构干挂，增强墙体节能保温作用的同时，凸显视觉效果。屋顶没有选择传统的青瓦，而是选择合金瓦，彰显传统民居的坡屋顶神韵。院落内的中式回廊，大幅采用保温玻璃，既可展现院落内景观，又可规避传统回廊无法防暑保温的缺点。

▼ 一层平面图

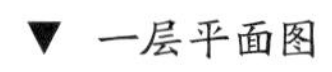

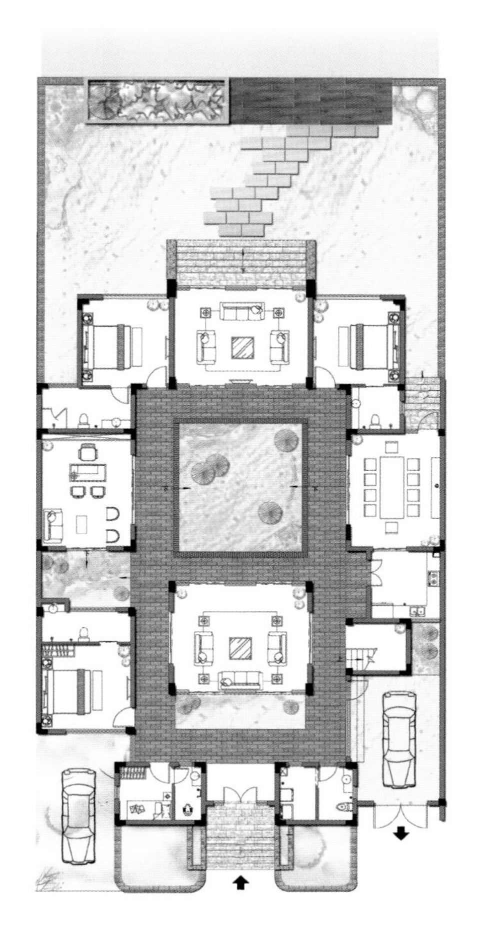

▼ 二层平面图

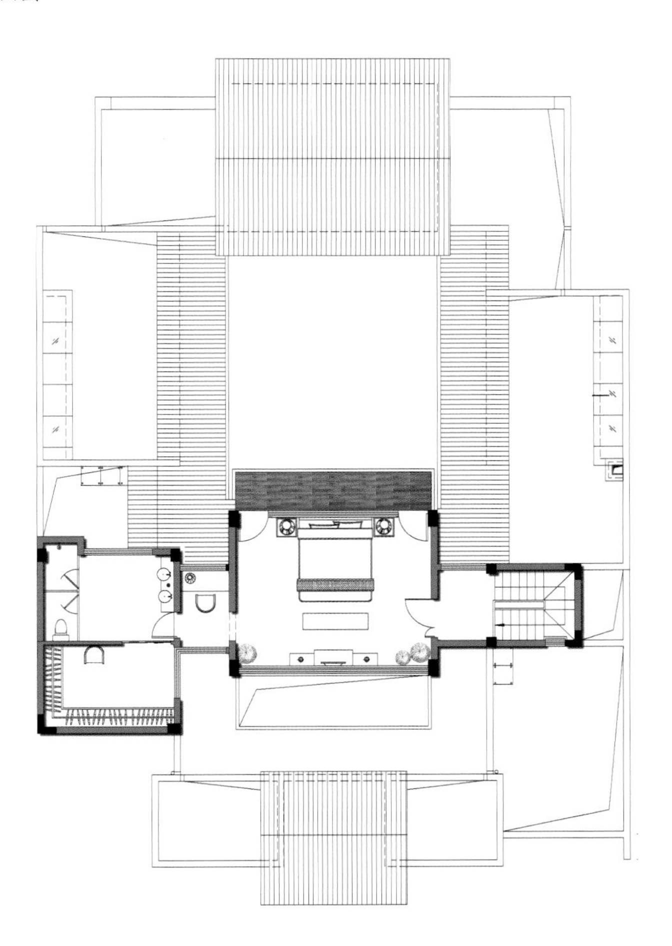

三进十院布局

▶ 南昌万科青山湖名邸

开发商>> 江西万科青山湖房地产发展有限公司
建筑设计>> 上海日清建筑设计有限公司
景观设计>> 北京清华城市规划设计研究院
项目地点>> 江西省南昌市青山湖路
占地面积>> 96 667平方米
建筑面积>> 175 281平方米
供稿>> 上海日清建筑设计有限公司
采编>> 盛随兵

__风格融合：__项目采用现代中式建筑风格，在色彩上以传统的白色与灰色相结合，其独到的三进十院设计，前园、侧园、中庭、后院、下沉庭院，每个建筑细节都凸显了传统中式的经典理念，既保留了古典的优雅，又结合了现代的简约与实用。

▶ 总平面图

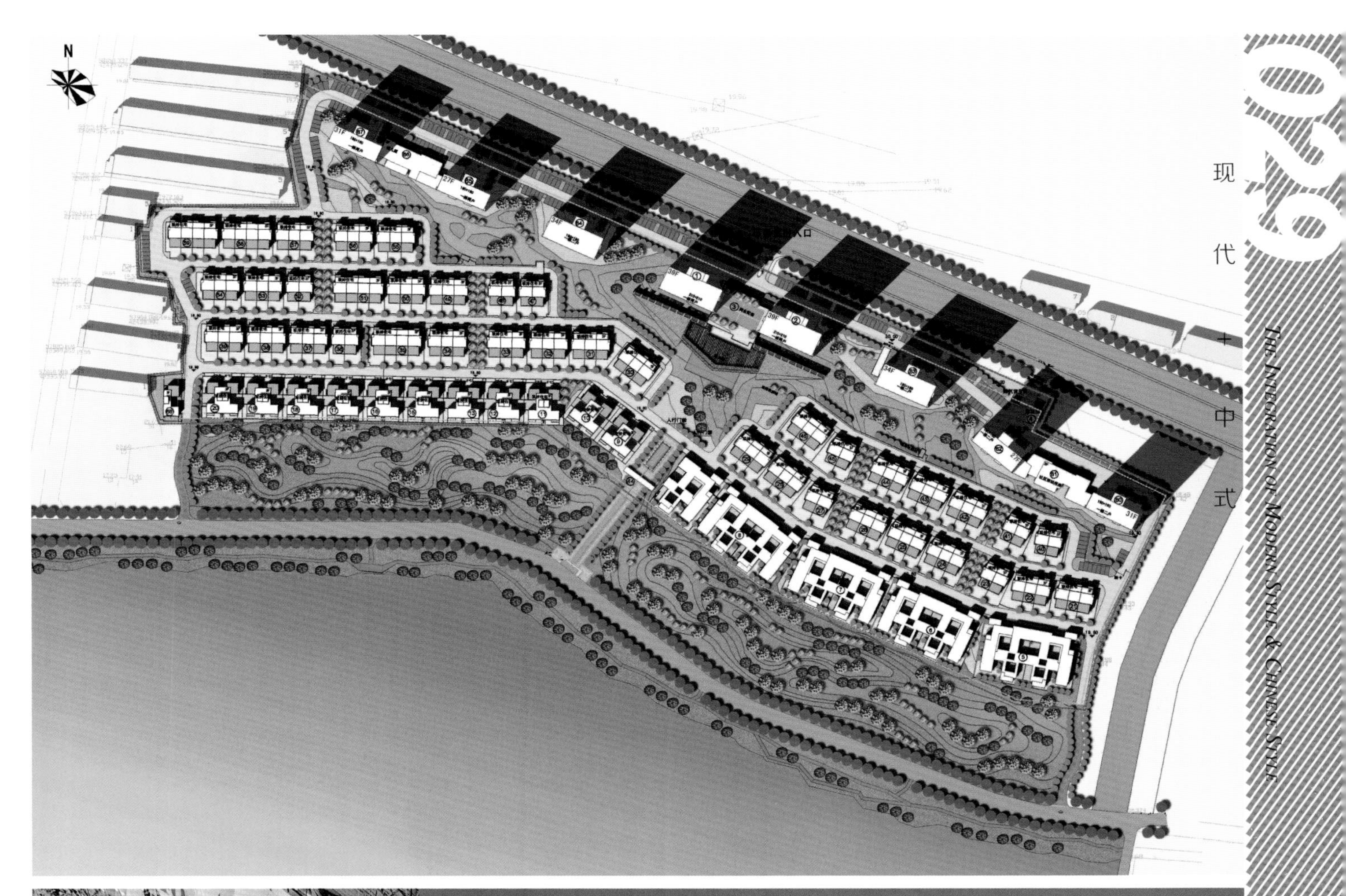

下临无地

青山湖

湖岸景观社区

项目位于南昌市北部青山湖北侧，南面紧邻青山湖，北面可以眺望赣江。项目设计以纯粹简洁的8个点式建筑形成水平展开的完整建筑体量，与同样水平展开的宽广湖面相统一。

在高层的南面，布置带状平铺向地面的低层住宅，分成东西2个组团分布在中央绿化景观带的两侧，面朝青山湖及其环湖公园开敞布置，形成环境优美的湖滨小住宅群落。每户均有北面入户的车位及南北两个私家院落。

NOTES

三进十院

整个建筑里面设计了三进十院，把传统民居"四合院"注重与自然融合的设计精髓继承下来。三进门庭，由街门进至房间，形成步移景异，别有洞天的变化；十重院落，精妙布局，上下尊卑，内外亲疏，一切井然有序；形简而神厚，前后院错落，左右院并峙，中有天井，法自然朴素端庄，暗含传统中国之天地人伦合一的宇宙精神。

传统理念糅合现代元素

建筑充分吸收中国传统建筑以庭院为空间组织核心的精神，全面考虑现代生活方式的各种需求，在有限的空间设计了露台、花园、花房、片墙等功能空间，最大限度地挖掘空间价值。

通过片墙、隔栅、庭院的巧妙布局和设计，再辅以玻璃这种通透材质画龙点睛，在保护住户私密性的同时，最大化地借用别墅的自然景观资源，让主人在屋内即刻移步换景，处处能与自然亲密接触。总体看来，万科以现代设计手法充分融合了东方传统居住和宅院文化的精髓。

建筑形态

楼和楼之间，通过错落的空隙处理，形成如五线谱的谱线与音符一样的韵律。以超高层建筑为核心的中心建筑，气势恢弘，成为整个造型体系的核心，并在空间上形成穿越之感，拉紧北方的天际线，在景观轴线上成为项目景观对景，极大地丰富了小区的视觉层次。

现代园林

高层与低层住宅相结合的布局，使整个小区的核心形成了一个近20 000平方米的现代园林，气势磅礴，东西通透。它北靠标志性的高层体量，并沿湖滨水平向展开，在其中由一条小区的主轴直指湖面，将湖面的清风引入，纵横交织，一派湖滨居住的怡人景象。

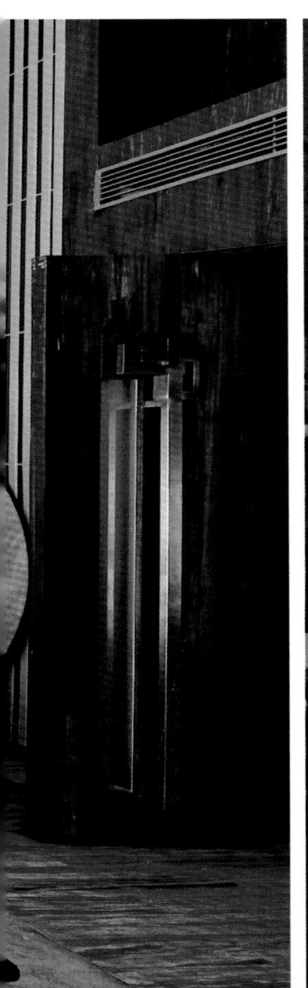

现代石库门风情

▶ 上海绿地公元1860

开发商>> 绿地集团
建筑设计>> 水石国际
项目地点>> 上海市宝山区
总建筑面积>> 180 000平方米
采编>> 盛随兵

风格融合：*项目意在还原海派民居建筑，为拥有海派情结的客户打造外观传统、规划现代的石库门社区。建筑全面保持里弄空间特色和肌理，利用青瓦红瓦、青砖红砖及细部处理等方式，保证里弄形式的多样化。整个建筑群体高低错落，立面上凹凸变化及窗的不同比例，表现了建筑外观变化和丰富的一面。*

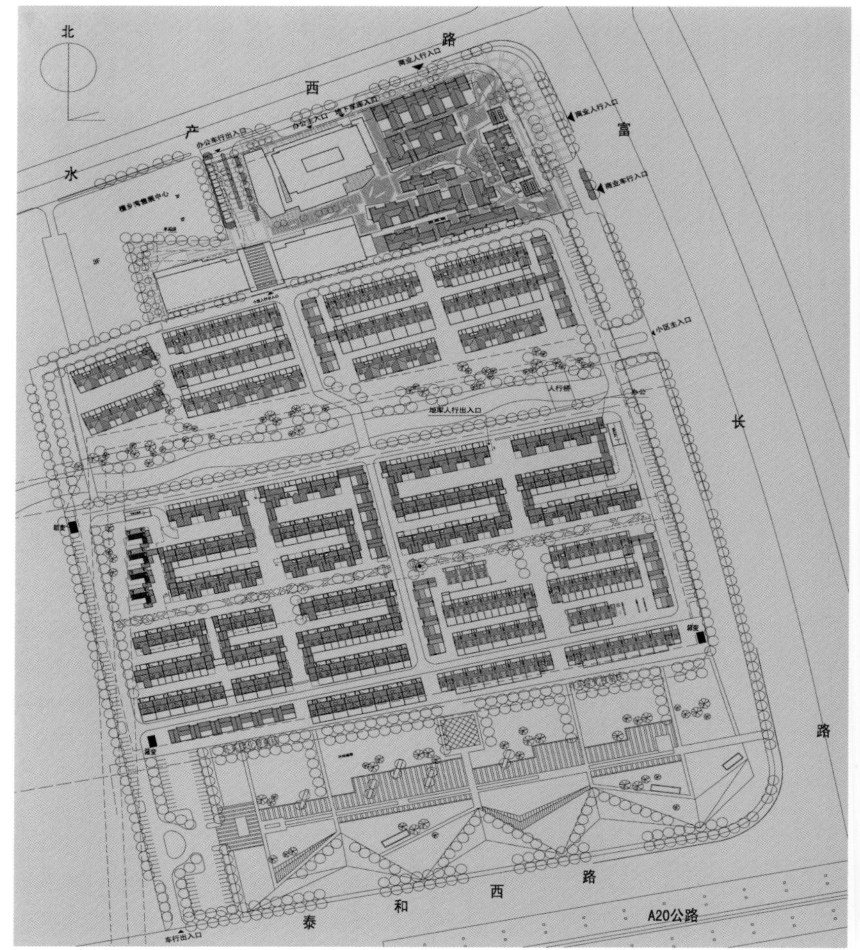

▲ 总平面图

传统里弄文化社区

上海绿地公元1860包括联排别墅、商业街、人文办公、城市小公馆四种类型的建筑，其住宅定位为高品质联排别墅。项目在保留传统里弄住宅规划特色的基础上，以里坊为单位，将整个社区划分为若干个里坊组团，旨在延续传统里弄尺度的前提下，保持里弄的场所感。

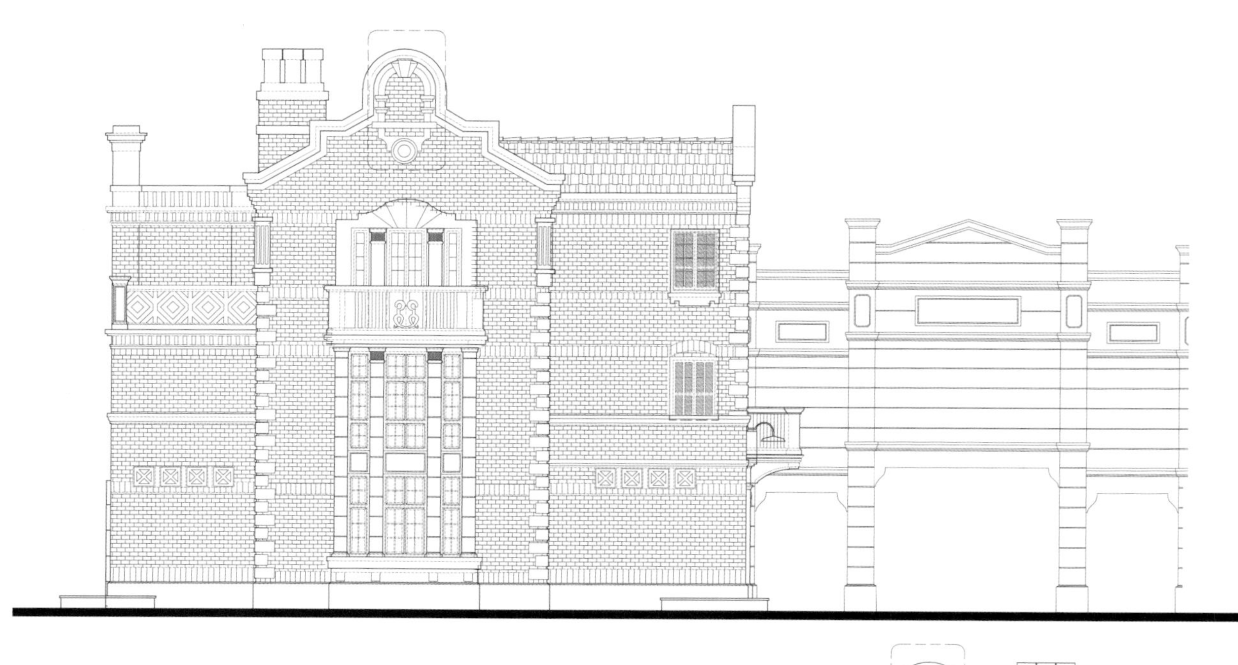

石库门风格结合现代元素

立面设计承袭传统石库门建筑的红砖墙面、红瓦或灰瓦坡屋面、浅色石材门窗套、深色油漆门等典型特点，修新如旧，但精致的铭牌、门环、壁灯以及石材砌筑的小花坛又彰显出浓郁的现代气息。

设计在山花、山墙顶饰、栏杆等细节处利用不同材料或装饰纹样进行多样性演变，于规律中寻求丰富的变化。徜徉于里弄的街巷中，两侧的住宅群高低错落，老虎窗、小阳台、精美的雕刻纹样共同演绎着记忆中的石库门风情。

▲ 立面图

集贤里

集贤里

▼ 立面图

天然材质渲染沧桑感

项目注重对材料色泽与质感的选择，屋面的陶土瓦和外墙的粘土片砖赋予建筑两个主色调——低沉的深灰与质朴的暗红，同时也以材料天然的粗粝和厚重渲染出浓浓的历史沧桑感。此外，精心设计浅色水刷石饰面的小阳台、暗红色仿木漆喷涂的窗框、青石板铺砌的路面等，演绎着原汁原味。

NOTES

石库门与海派文化

石库门是上海近代文明的象征，它有着深深的历史烙印，成为上海近代史上一个独特时代的产物。它从最原始的早期石库门转变到后期石库门，又从后期石库门到如今风格迥异，带有海派风格的花园里弄及公寓式里弄，石库门经历了几百年的历史沿革。石库门是大上海过去的影子，是上海过去的封面。

开放式庭院

南北向长条形的建筑平面将各建筑空间串联起来，两端设置前后庭院，中间设置天井，精心推敲间隙尺度，并辅以精致的小景观，创造宜人温馨的室内外环境。同时通过庭院，使每层主要居室包括起居室和卧室均获得南向采光和良好的通风条件。

基于里弄住宅空间紧凑的特点，设计充分考虑户内无障碍及窗口吊装家具等细节。虽然最窄处面宽只有3.9米，依然能够在承袭传统的同时满足现代生活的必需。

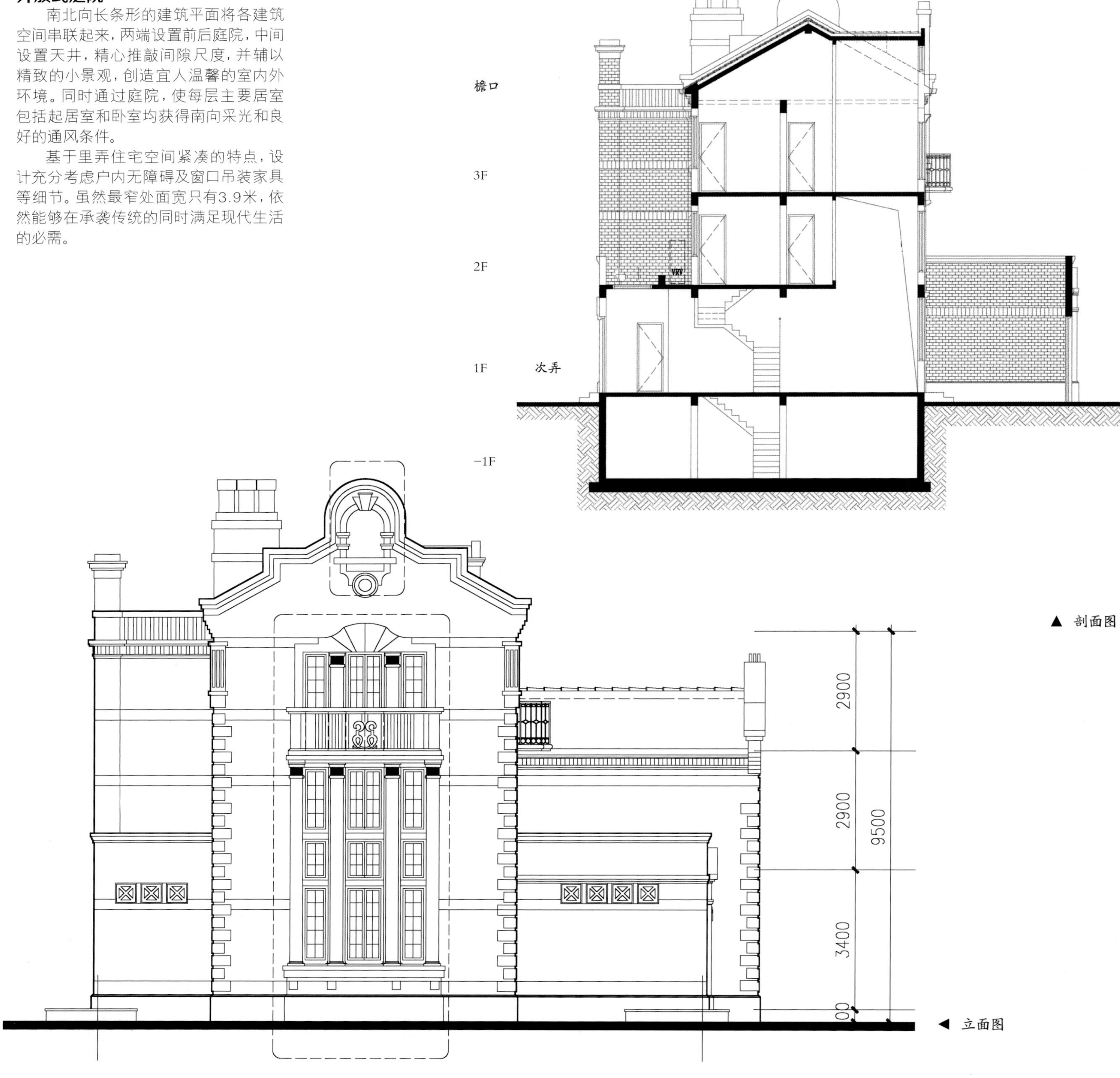

▲ 剖面图

◀ 立面图

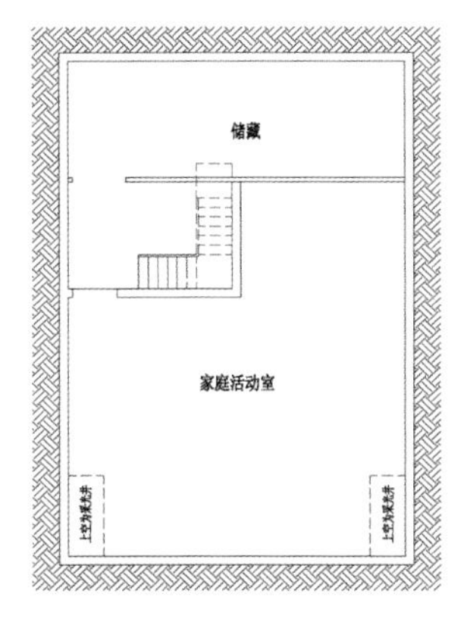

▲ 负一层平面图

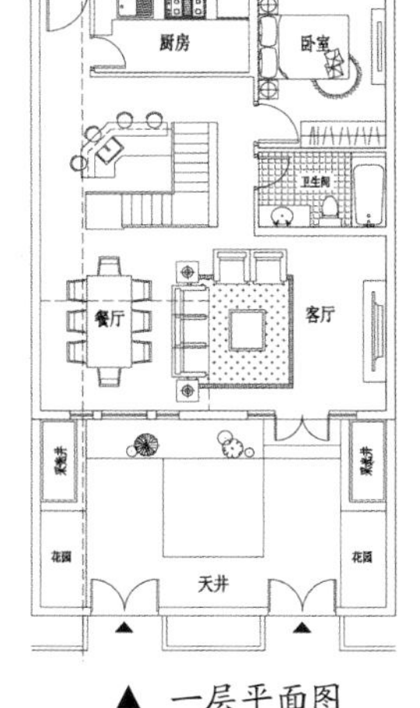
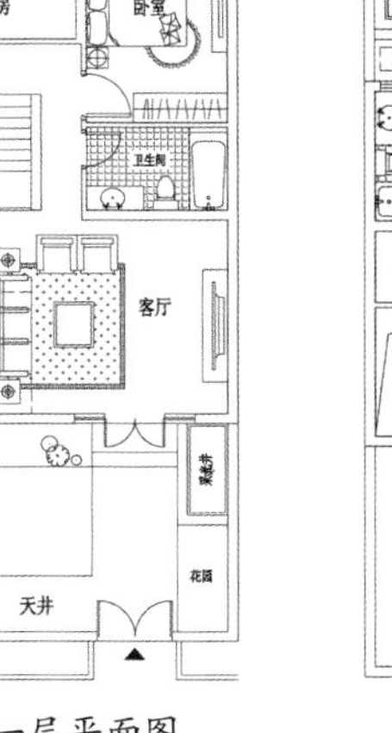

▲ 一层平面图

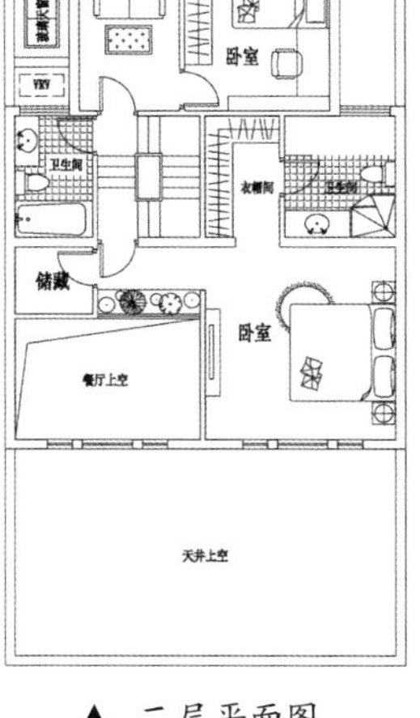

▲ 二层平面图

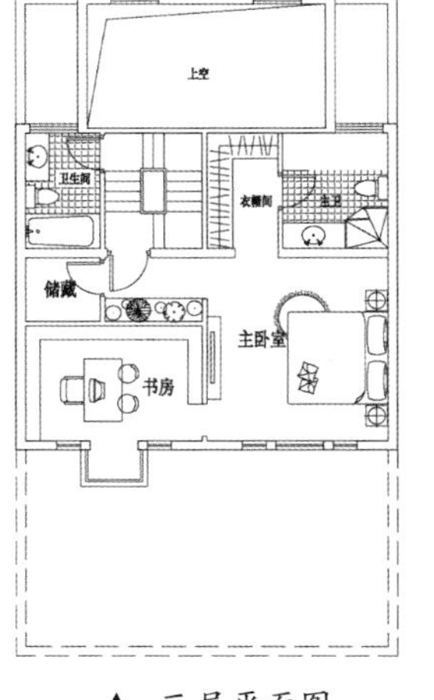

▲ 三层平面图

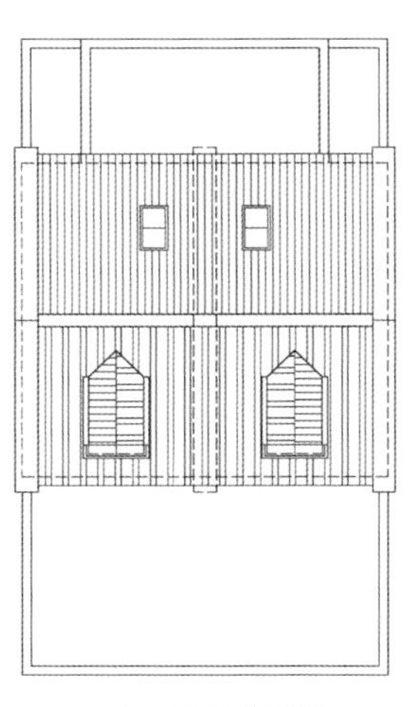

▲ 屋顶平面图

新巴渝风

▶ 重庆隆鑫鸿府

开发商>> 重庆隆鑫地产(集团)有限公司
建筑设计>> ZNA泽碧克建筑设计事务所
项目地点>> 重庆市渝北区
占地面积>> 151 308.5平方米
建筑面积>> 367 617平方米
供稿>> 董晖、冯凌
采编>> 张培华

风格融合： *项目在尊重当地气候与环境的基础上，依据北高南低的缓坡地形建造富有韵味的新中式院落空间。项目大量运用表现重庆传统民居的巴渝文化元素，立面材料以高档的石材和灰色表现清雅的格调，树立渝派风格典范。*

▼ 总平面图

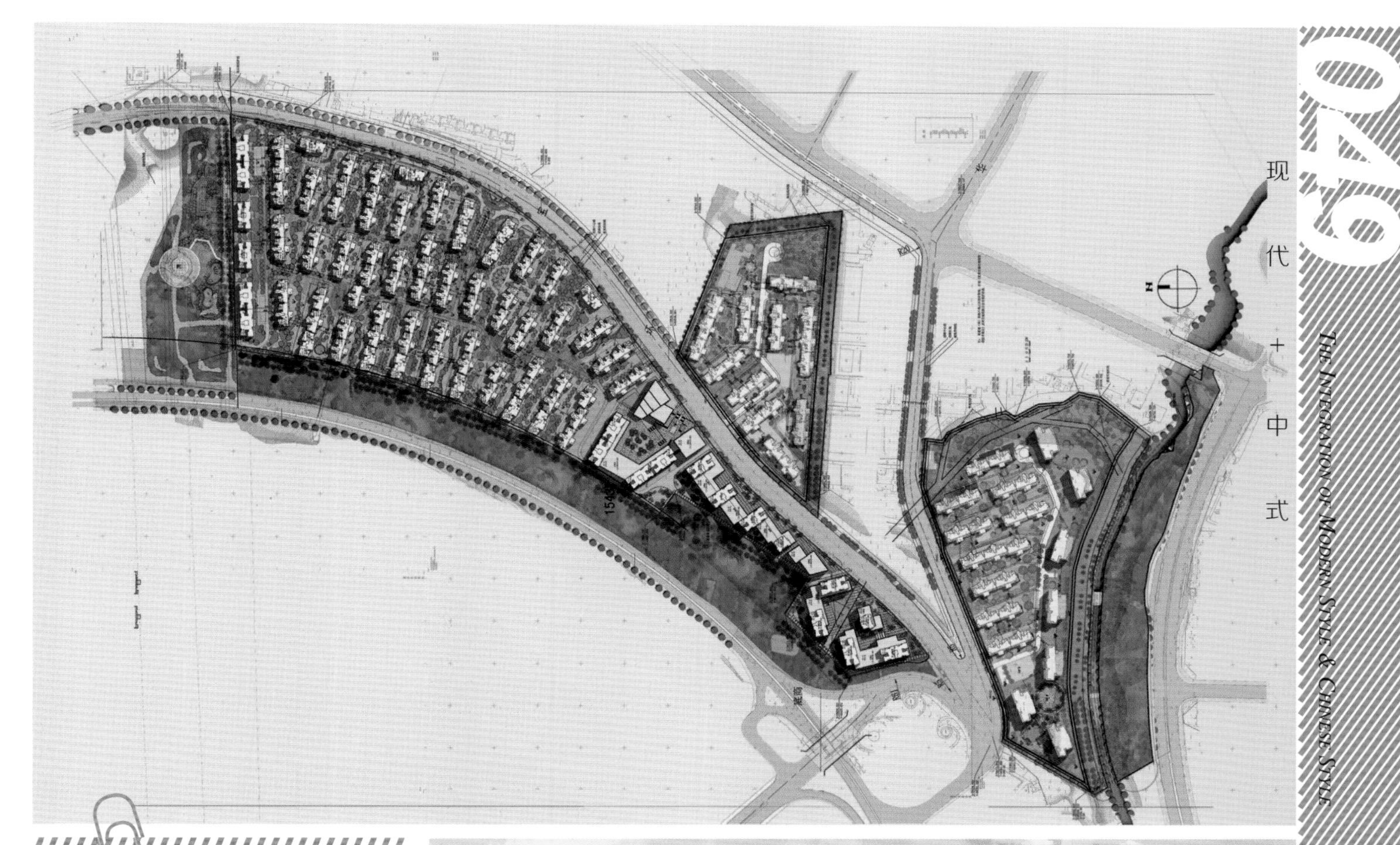

NOTES

巴渝建筑特点

巴渝建筑是体现了人与自然和谐相处的生态观念，尊重自然，依山就势，顺坡起伏，顺势转折，形成富有情趣的生活空间。巴渝建筑有水平一条街式，一边傍水而筑，一边临崖吊脚或只靠山面和呈半边街式；也有依山缠绕，以梯道为主，靠山面河，顺坡而上，有宽大廊桥、长廊街、骑楼街。在建筑结构上简洁、朴素，多就地取材。屋顶多为小青瓦埂山或悬山顶。屋面挑檐深远，外观造型活泼，也有不少外部为青砖封火山墙，内部仍为木结构四合院建筑。

花园式生态社区

项目定位于花园式生态居住社区，以水平方向方式排布，生态洋房延续了“退、错、院、露”特点，建筑组团讲求庭院空间的设计，结合景观和花园设计，实现公共绿地和私家花园有机结合，通过软硬兼顾的景观设计，将社区景观与建筑有机融为一体，创造优雅的居住社区。

软硬景观兼顾

项目采用软硬兼顾的景观设计，即建筑化的景观（硬景）和自然化的景观（软景）合理结合，既考虑经济性又能达到很好的效果，除了功能因素之外，还可供观看、欣赏，今后做专业景观时也无需太多额外的小品出现，建筑本身已经能深深地把建筑和景观联成一体。

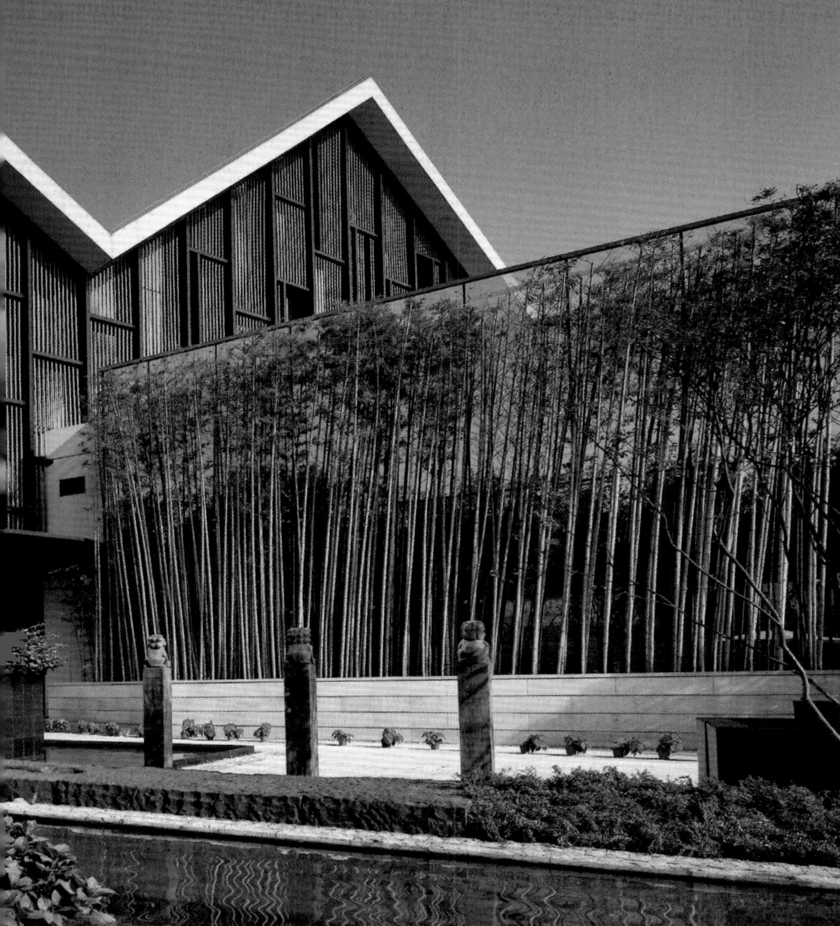

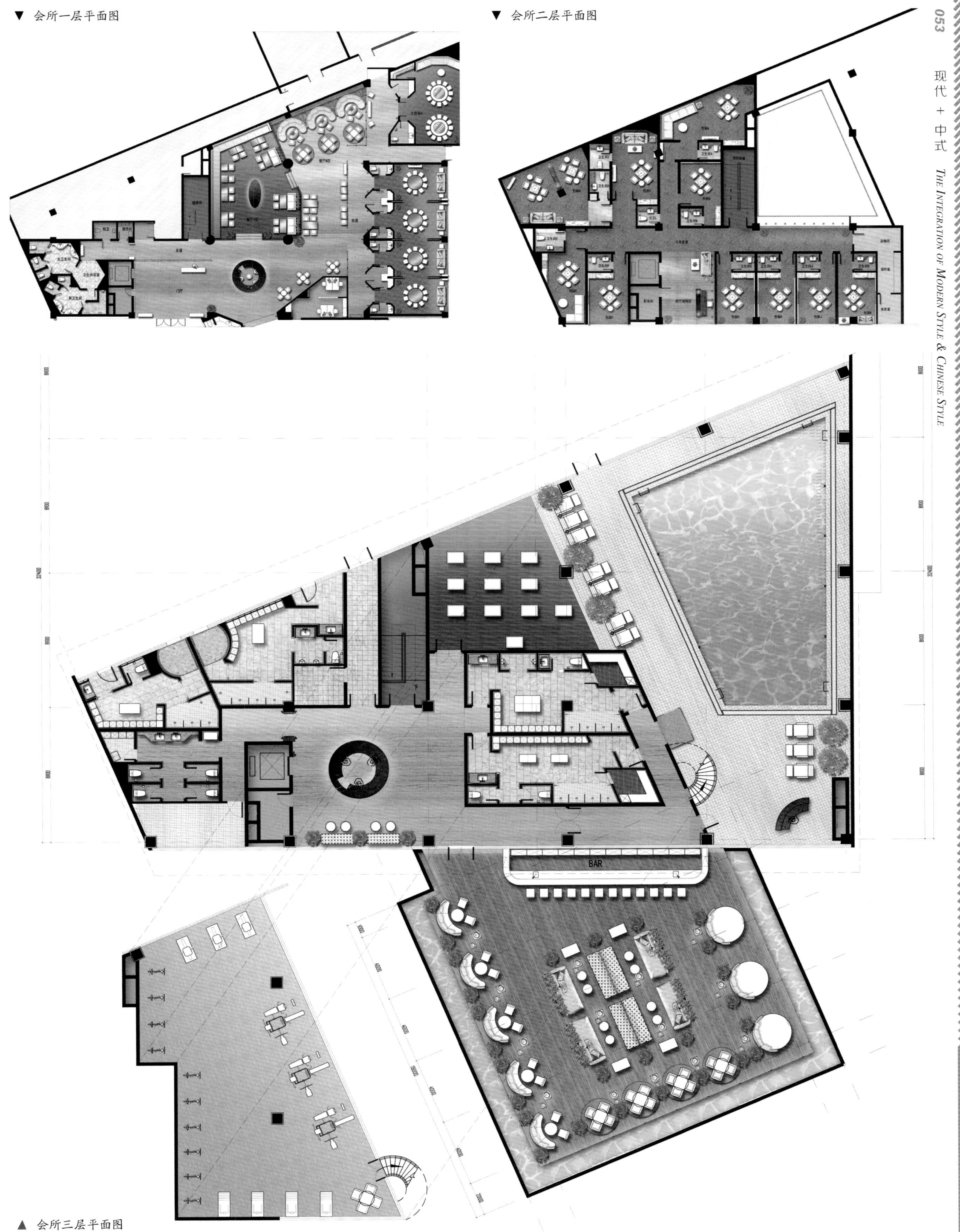

▼ 会所一层平面图

▼ 会所二层平面图

▲ 会所三层平面图

▲ C户型北立面图

▲ C户型南立面图

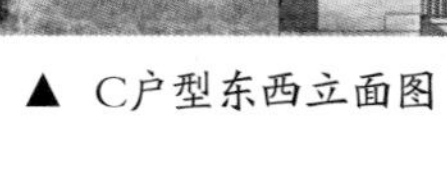

▲ C户型东西立面图

中式风格融合巴渝风味

建筑造型有意采用灰色调的中式风格建筑，简洁的建筑线条。庄重的建筑色彩和独特的风格，探讨新巴渝风的朴素建筑，使整个建筑群体呈现出与当地自然、人文共荣的和谐韵味。同时又以较为得体的抽象画的处理和谐调的尺度比例与体量组合，体现一定内在的建筑美感。

方正实用户型

户型设计方正实用，所有卫生间均能对外开窗。功能结构和分区设计合理，厨房、入口和餐厅相结合，卫生间和卧室划分一处，避免动线交叉。入口处设置灰空间作为室内外过渡空间。此外，简化结构，整理建筑外型，尽量墙柱拉齐，外墙方整，以利于结构体系规整，节省造价。每户都有前后花园，客厅上空，主卧室带大露台。

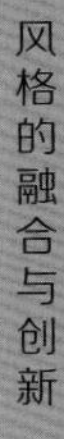

白墙灰瓦
现代水乡

▶ 上海海上湾一期

开发商>> 上海上实（集团）有限公司
建筑设计>> RTKL建筑设计集团
项目地点>> 上海市朱家角
建筑面积>> 110 000平方米
采编>> 盛随兵

***风格融合：**项目的建筑风格既能满足现代生活方式的需求，同时又能体现这一地区特有的江南古镇典雅而含蓄的文化特质。白墙、青砖、灰瓦等传统的建筑元素和大面积虚实对比，运用简约干净的现代设计手法有机地整合成一体。*

大型低碳水文化生态别墅社区

项目依托淀山湖、大淀湖、生态湿地公园等稀缺自然资源和丰富的休闲生活配套，如东方绿舟、水上运动场、国际高尔夫乡村俱乐部等，立意于“水文化”传承与创新，打造上海首个大型低碳水文化生态别墅社区。

一期为现代中式风格的独栋和联排别墅，以现代生活尺度拓展出高附加值空间，前中后三重庭院和部分房型的内庭打造起全景空间，加之丰富的附赠空间，使居住舒适度和享受度非同一般。景观上，水岸、里弄、花园、街巷一脉相承，开放的滨水步道、游水码头、亲水平台、公共水岸展现新江南水岸风情。

江南古镇元素融合现代设计手法

项目的建筑设计师在对朱家角古镇建筑文化进行研究之后，从江南水乡传统文化的意境里吸取灵感，力求以富于现代精神的手法与风格，创造出能充分满足现代人高品质的生活方式所要求的高端产品。

建筑的体量与轮廓线变化丰富，建筑的色彩既抽象简洁，又富于对比。项目以白墙灰瓦为主基调，重点的部位又以青砖、木质材料和重点色加以点缀刻画。

绿色网络式水景

基地丰富的水系赋予了其独特的个性。设计中，我们将西侧内港的水引入基地纵深。一方面结合现状水系，在基地南侧围塑出低密度绿岛区；另一方面，促进“绿色网络”概念，让脉络状的水系统连接基地每一个地块。

NOTES

现代都市下的朱家角

朱家角是上海"一城九镇"中唯一保持江南水乡文化的地区。旧称珠溪镇、珠街阁。镇于明万历年间形成，初名朱家村，后因商业日盛，至清末民初遂成大镇，为周围四乡百里农副产品集散地。镇区东起南港大桥，西至接秀桥，北滨大淀湖，南靠青平公路，面积125万平方米，形如折扇面。镇内河港交错，现有桥梁30座，为江南水乡集镇。

坡屋顶多材质墙面

▶ 苏州清山慧谷

开发商>> 苏州科技城发展有限公司
建筑设计>> AAI国际建筑师事务所
项目地点>> 苏州高新区
总建筑面积>> 57 132平方米
采编>> 盛随兵

***风格融合：**项目采取现代中式建筑风格。在立面造型上，采取斜坡屋顶设计，同时通过运用石材墙面和面砖墙面的对比，以及松软的石灰石的穿插点缀，使立面造型变得更加丰富多彩。*

▼ 总平面图

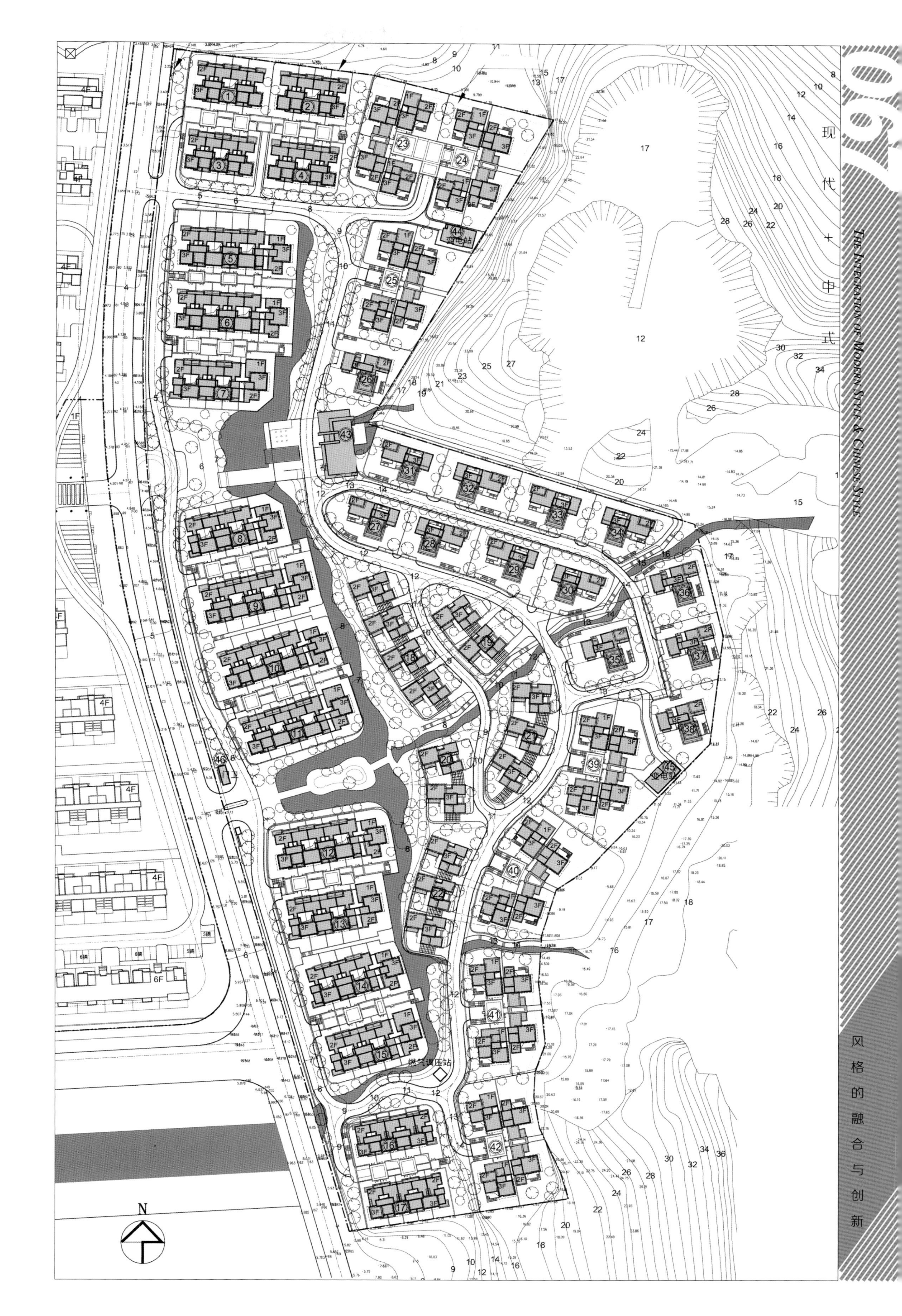

半山坡地别墅社区

项目地块原为一片因矿石开采过度而荒废的丘地，东南两侧与青山接壤，依山势东高西低，落差10余米。整体规划设计充分利用山体高差的特点，在原有地形基础上将凹凸不一的地面进行修整，再依据不同的海拔标高设计出层次变化丰富、户型灵活多样的别墅组团，目前规划有联排、连院、合院、独栋四种产品。

三条轴线景观

景观设计契合原有地形，设计三条景观带，主景观带位于联排住宅东侧，贯穿小区南北；两条横向的次景观带，分别始于小区的主入口和人行入口，由西向东不断走高，与主景观带共同营造出拾级而上、移步换景的意境，并随着地势的跌落，将木桥、山石与淙淙流淌的溪水尽收眼底。

▼ G1型东立面图

▼ G1型西立面图

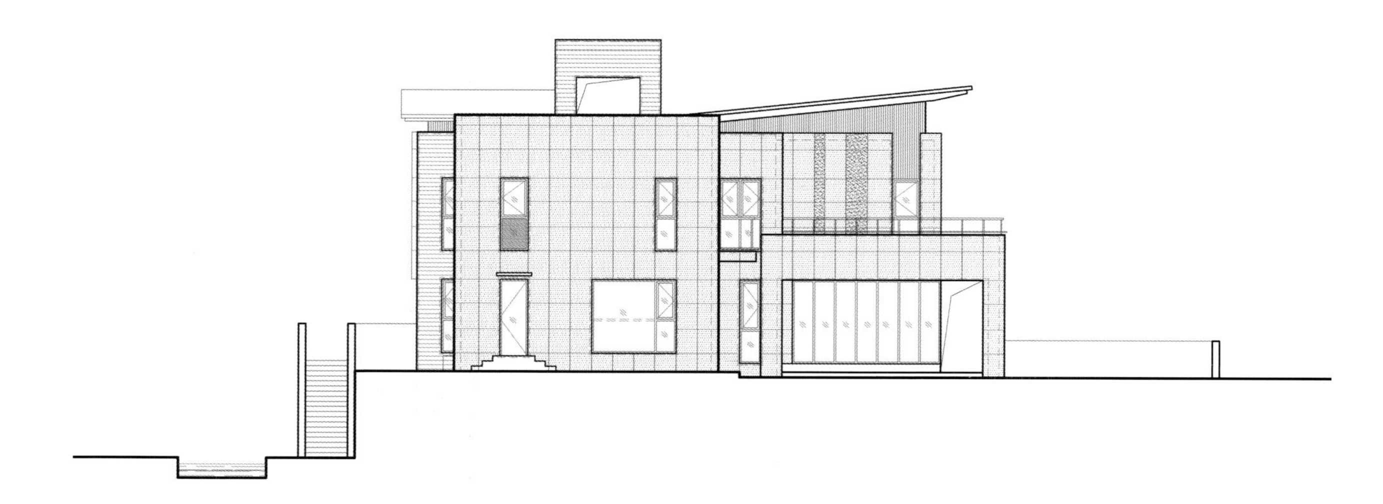

▼ G1型南立面图

▼ G1型北立面图

▼ G1型剖面图

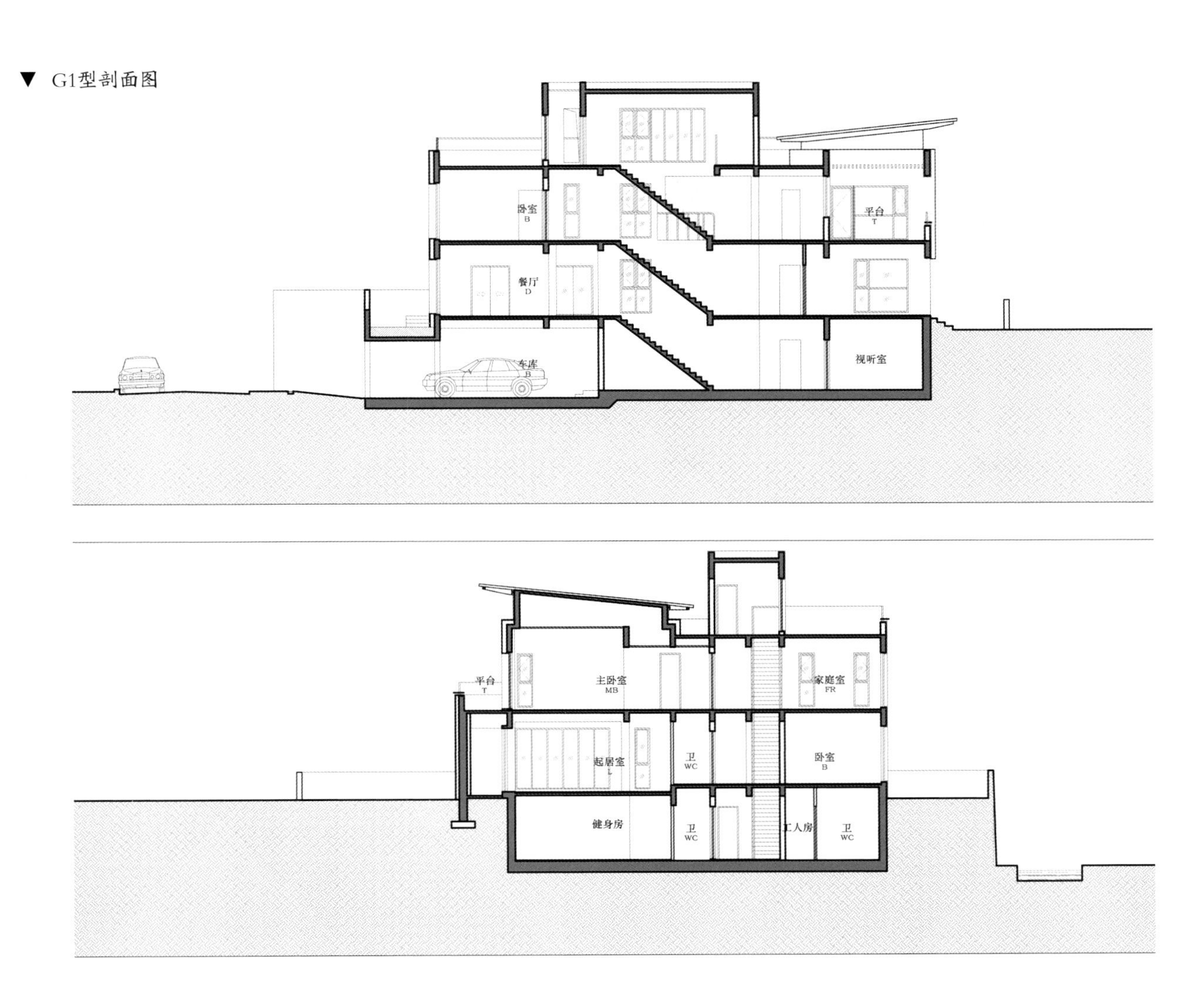

▼ G1型地下室平面图

▼ G1型二层平面图

▼ G1型三层平面图

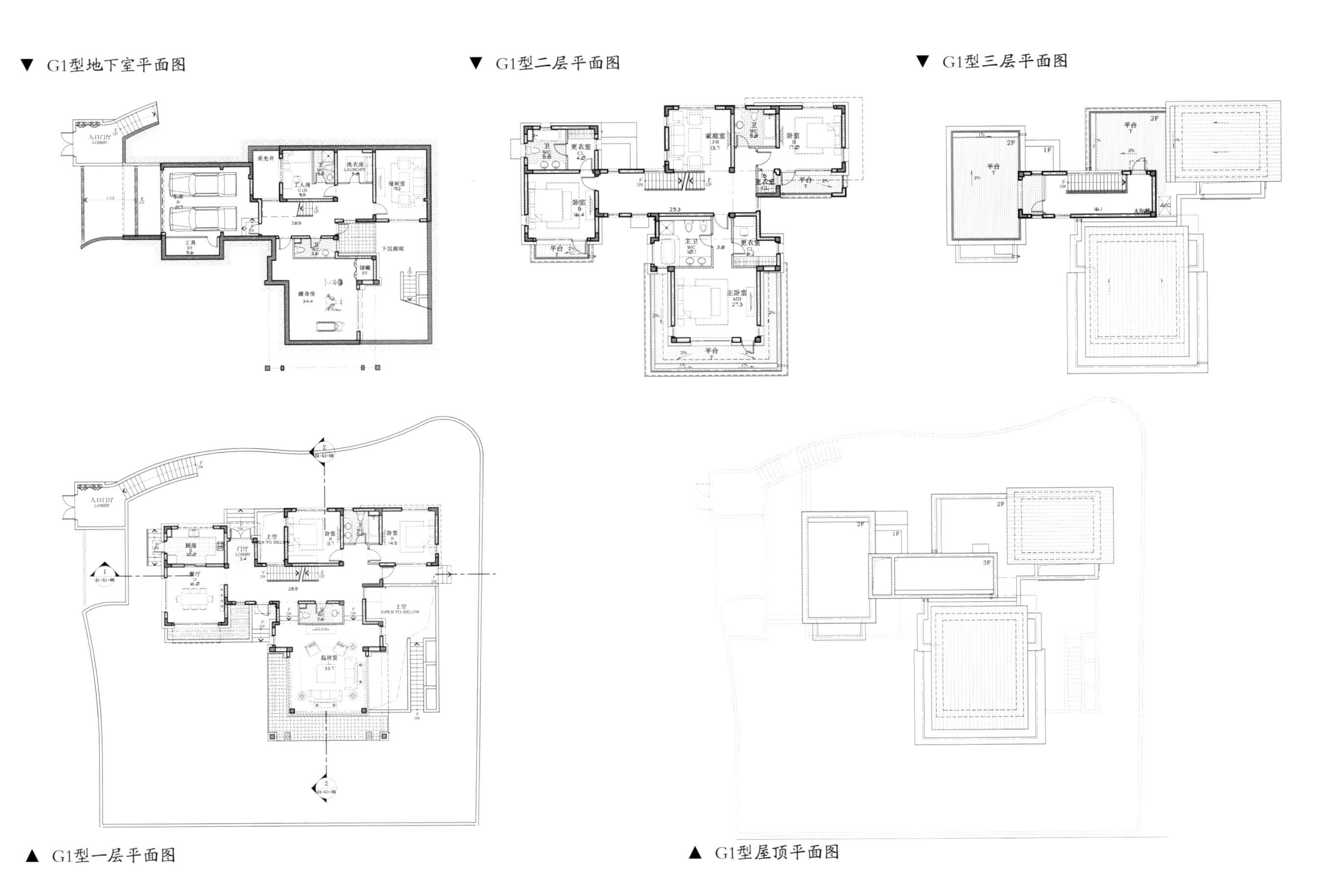

▲ G1型一层平面图

▲ G1型屋顶平面图

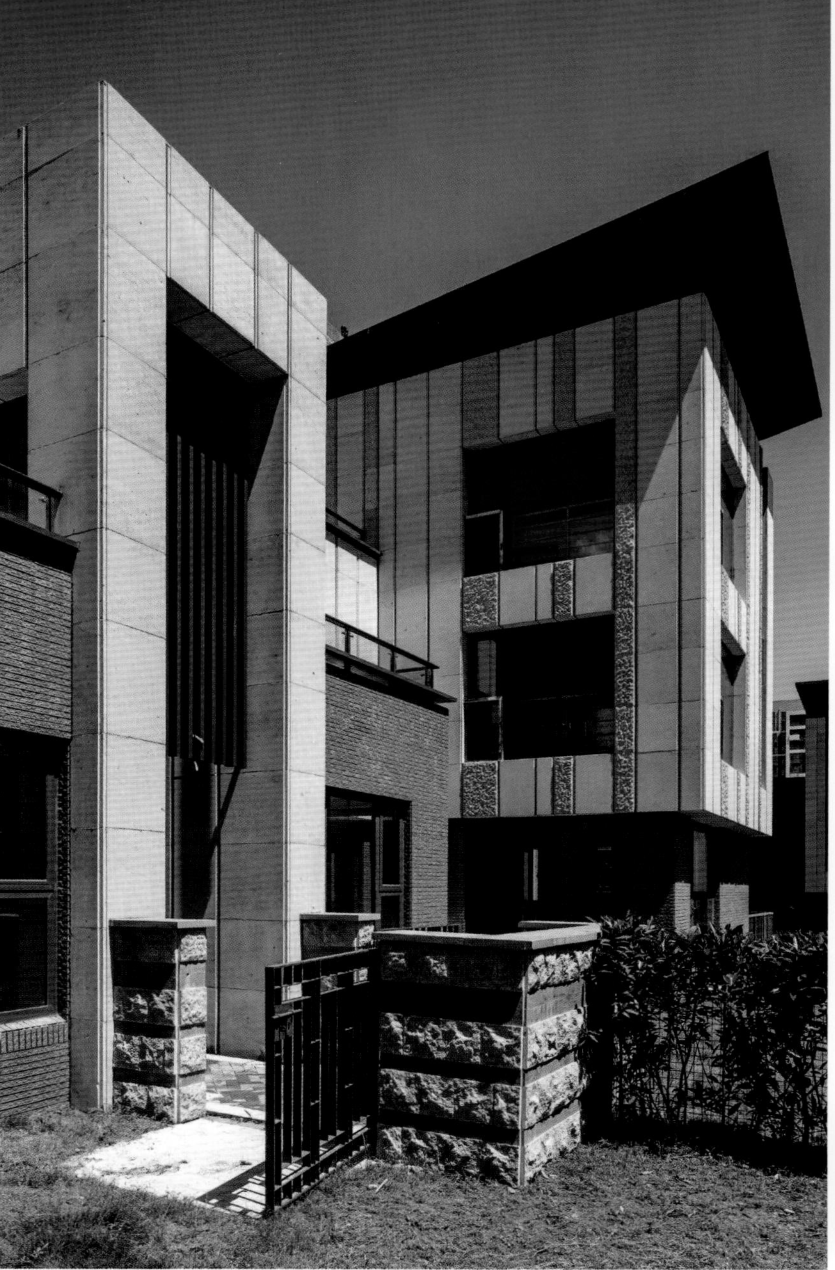

THE INTEGRATION OF MODERN STYLE & CHINESE STYLE

▼ E型东立面图

▼ E型西立面图

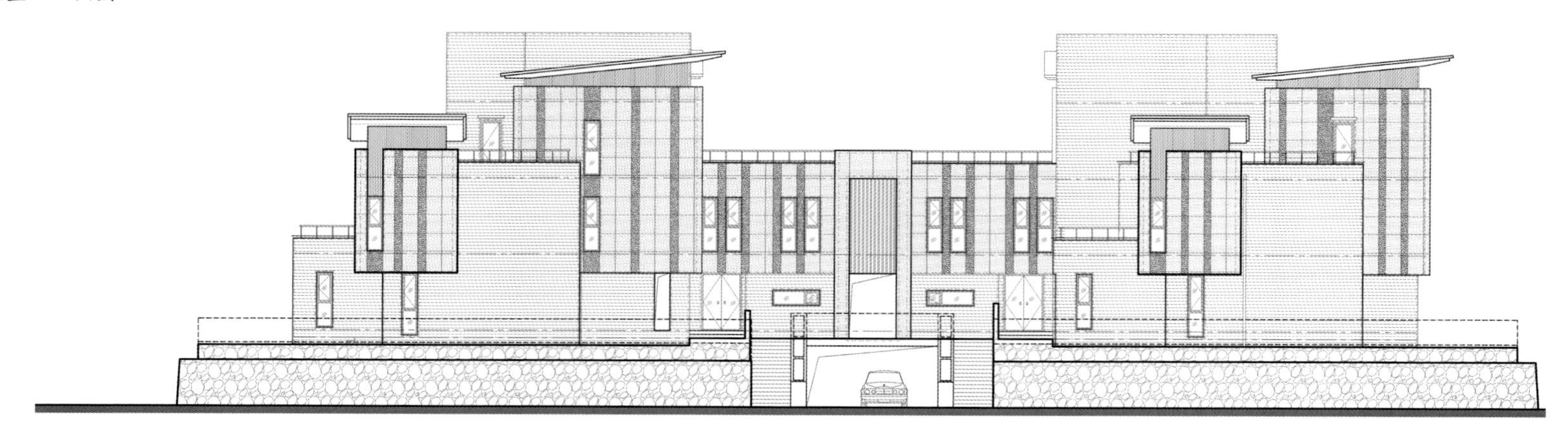

▼ E型南立面图

▼ E型北立面图

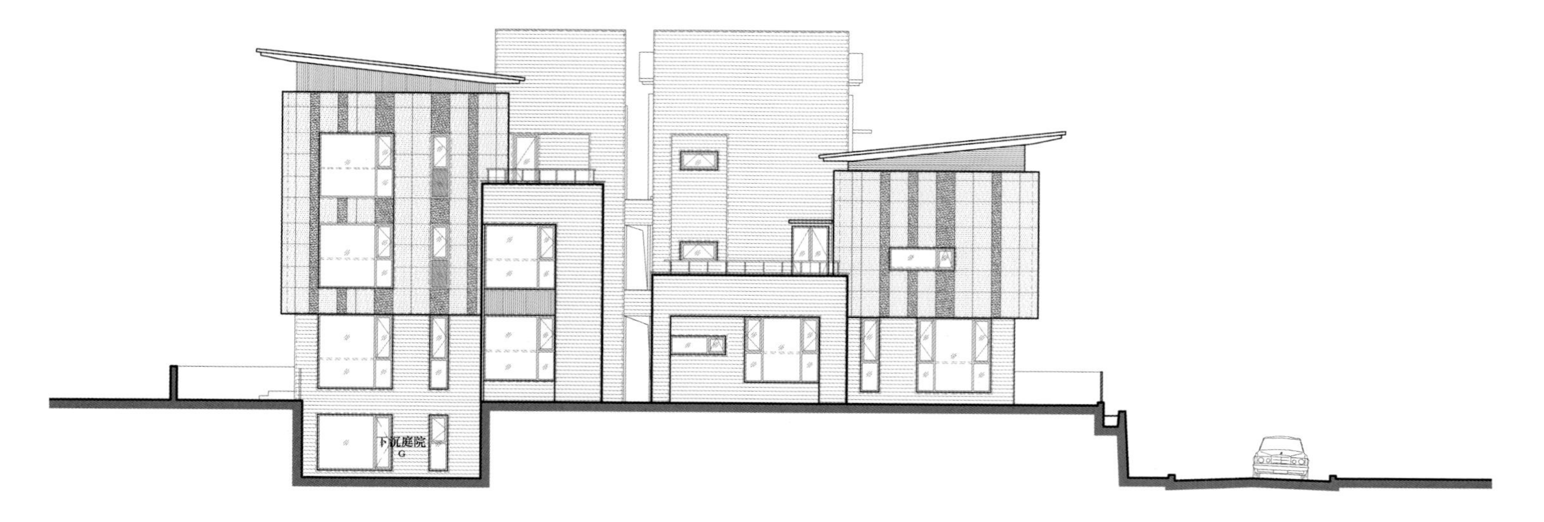

▼ E型1-1剖面图

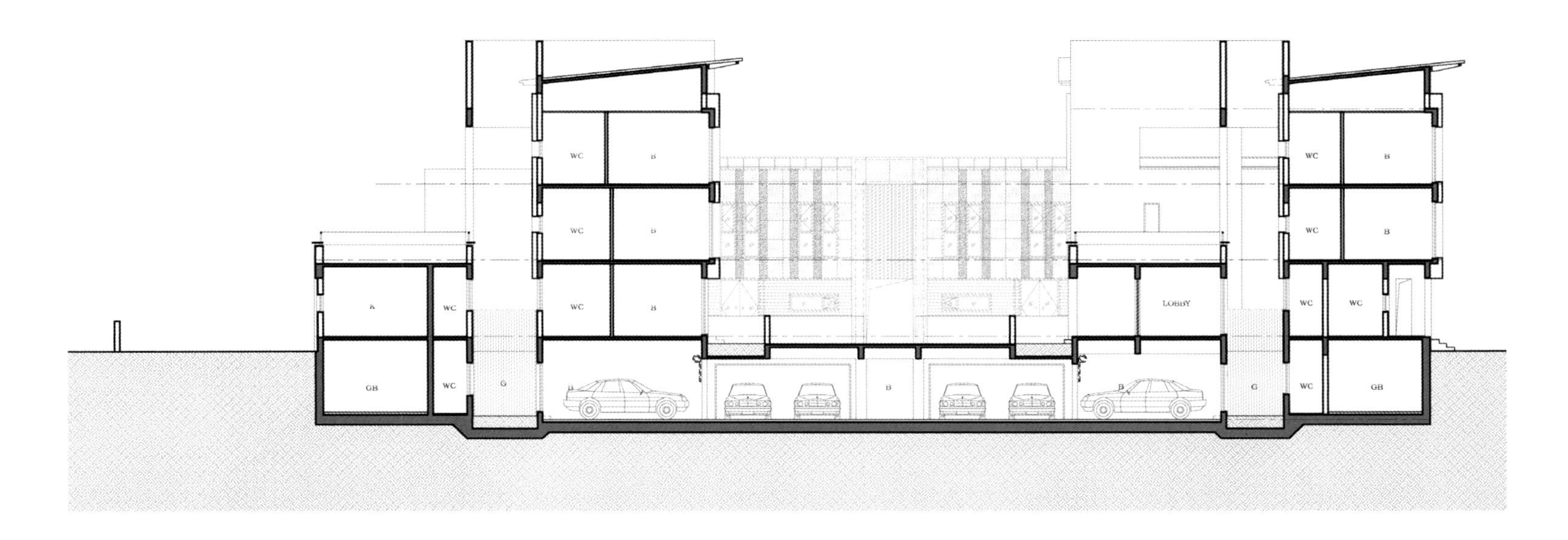

▼ E型2-2剖面图

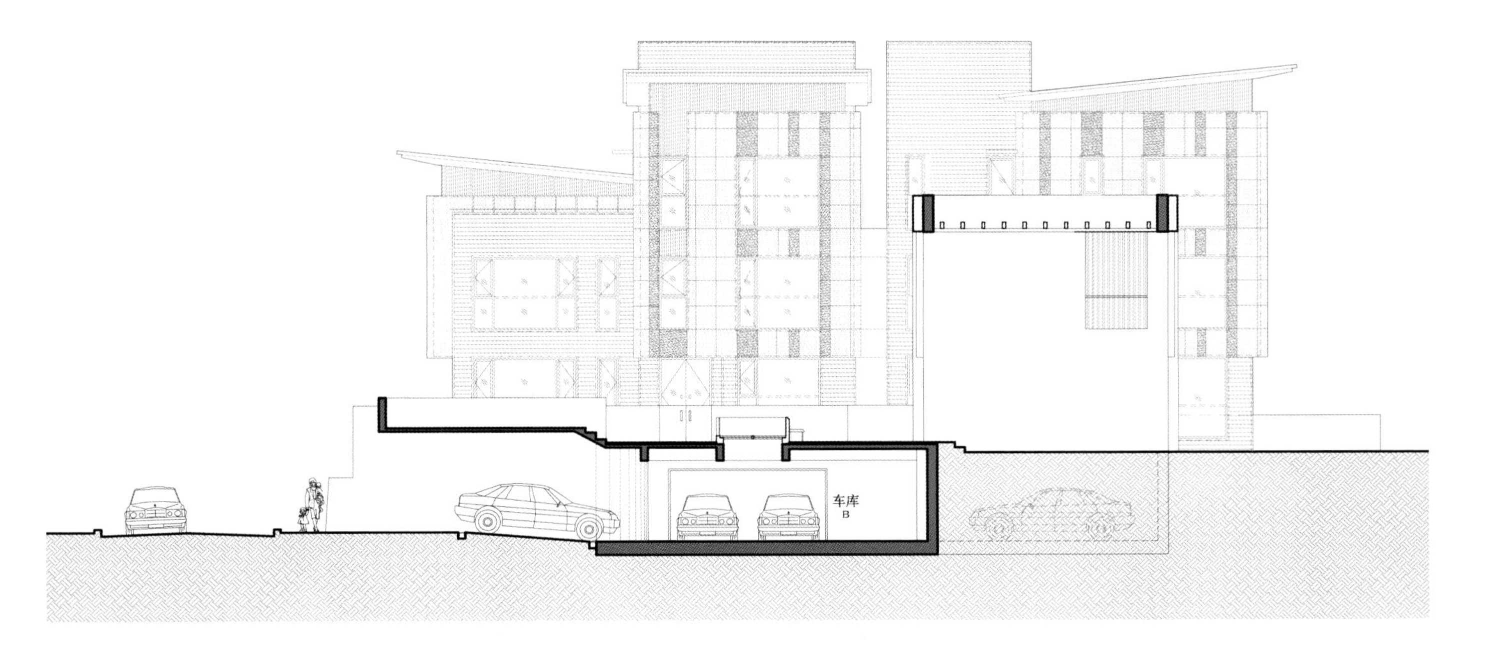

► E型一层平面图

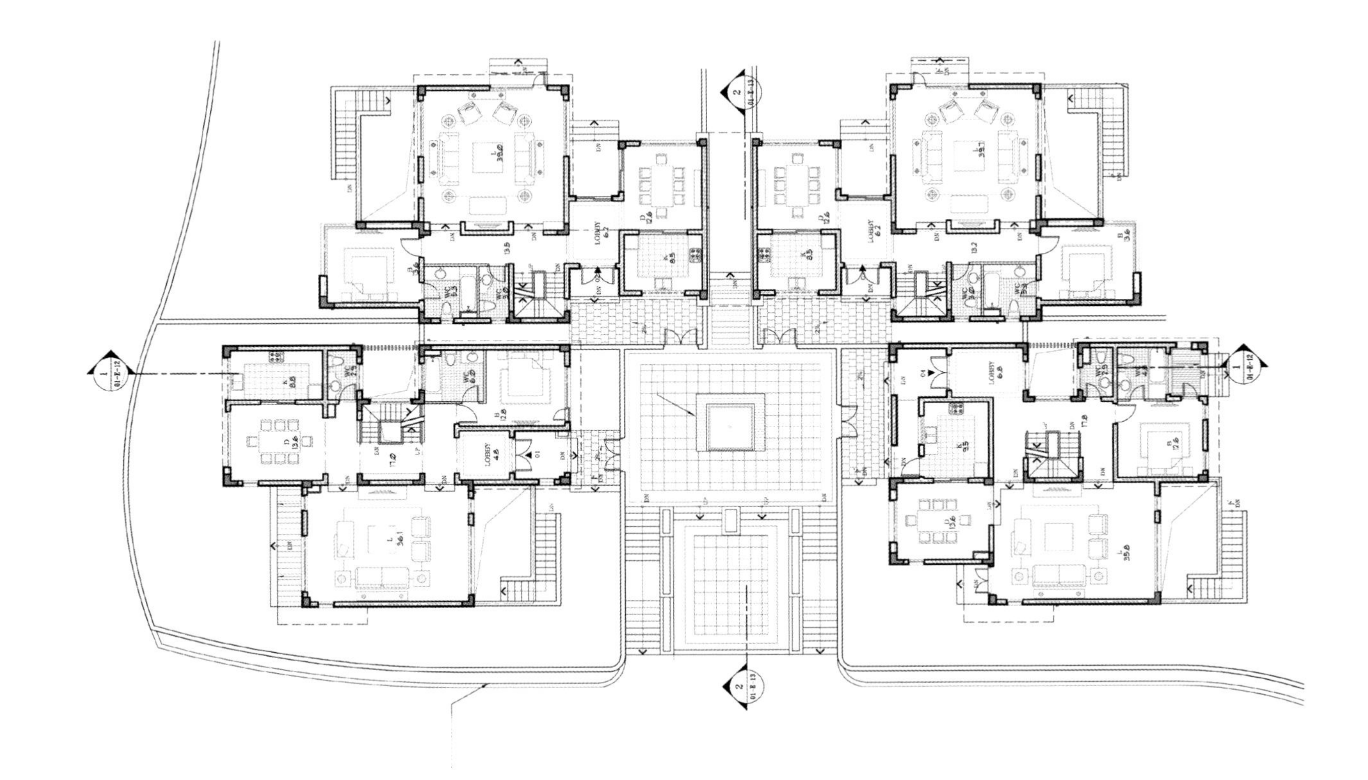

▶ E型地下室平面图

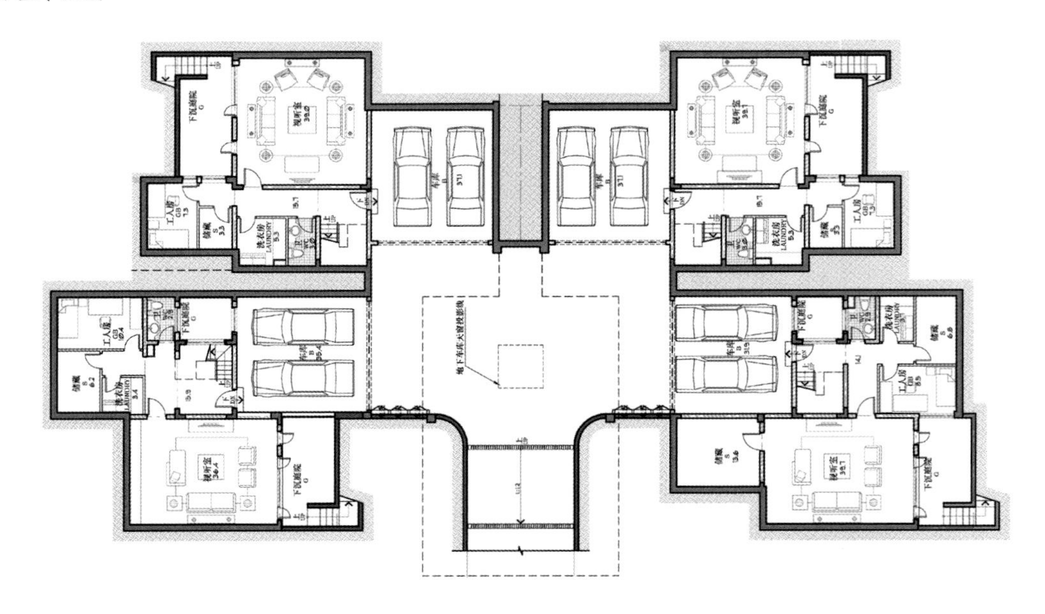

▶ E型二层平面图

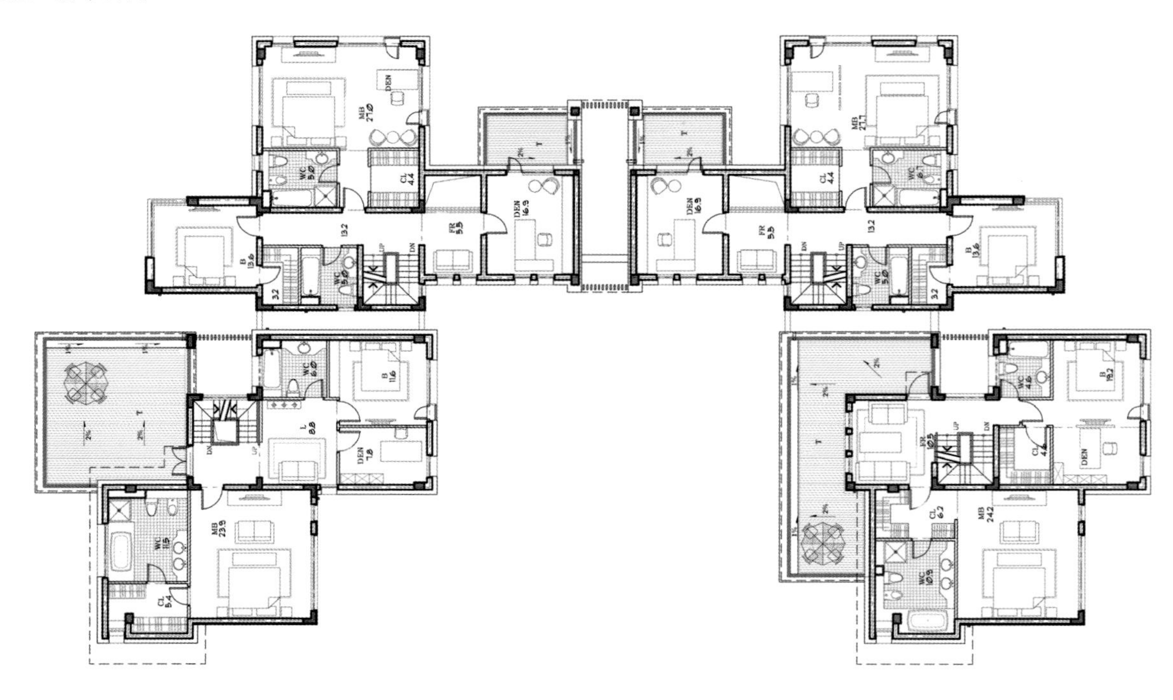

▶ E型三层平面图

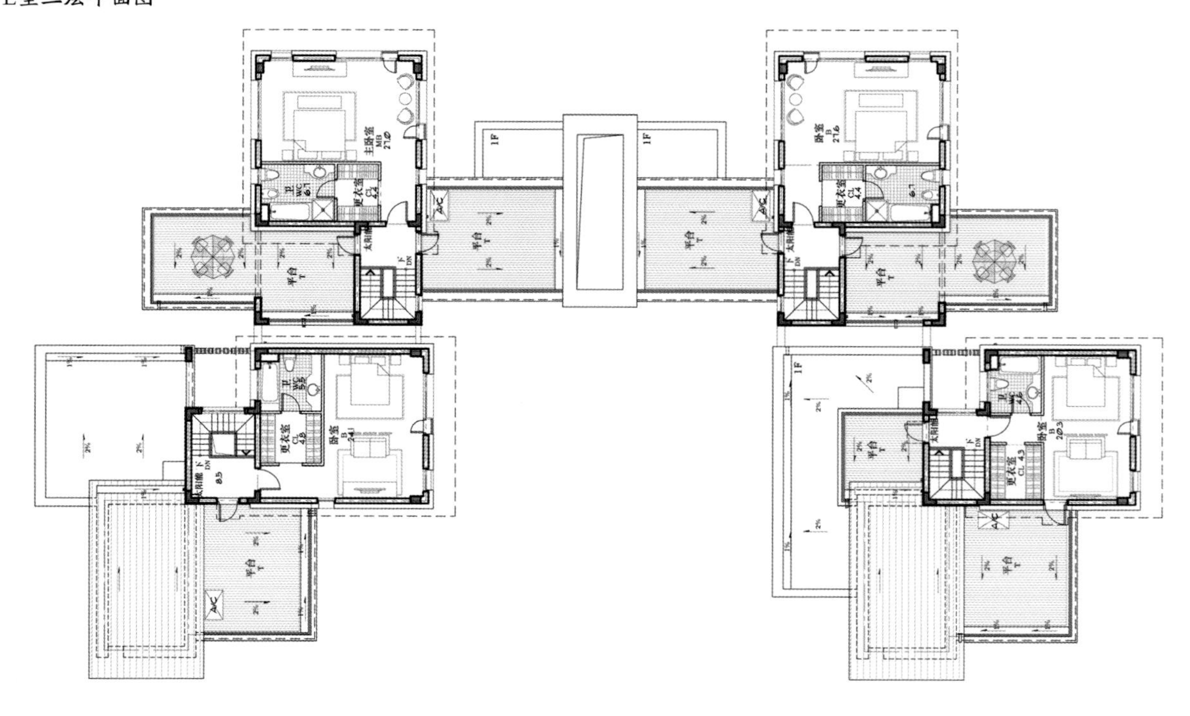

现代风格结合中式元素

项目采取现代中式建筑风格，建筑立面的细节设计为整体建筑的最大亮点。

首先在立面造型上，设计师赋予了每一栋别墅独具标识性的斜坡屋顶。立面上统一的模数划分，不仅将多种形式的平面户型归纳到一种建筑语言下，也使小区形象更规整。

其次在立面材料的选择上，设计师为求真实，直接在现场作模型，对不同材质进行比较研究，最终在精心的构图切割之下，运用石材墙面和面砖墙面的对比，以及松软的石灰石的穿插点缀，让原本单纯的材料变得丰富细腻。

L型空间布局

联排住宅两两相对，内庭与外庭相互渗透，形成各自的组团空间；连院别墅呈L型布局，宽敞的庭院面向景观带，使前后排建筑有了足够的日照间距；四拼别墅布局紧凑，空间序列由公共、半公共再进入私人空间；双拼别墅主要生活区域宽敞舒适，易于住户分隔；独栋别墅整体平面舒展，各功能分区独立明确。

▼ 会所东立面图

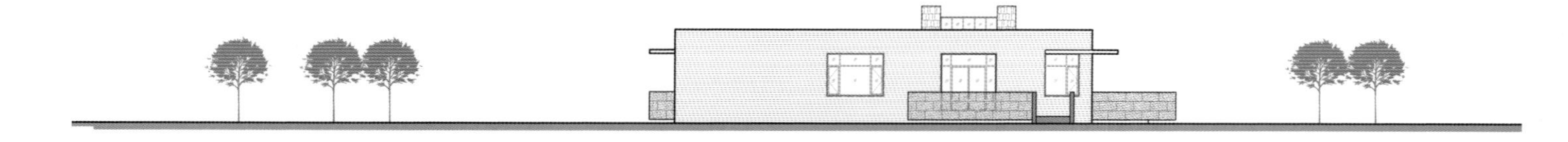

▼ 会所南立面图

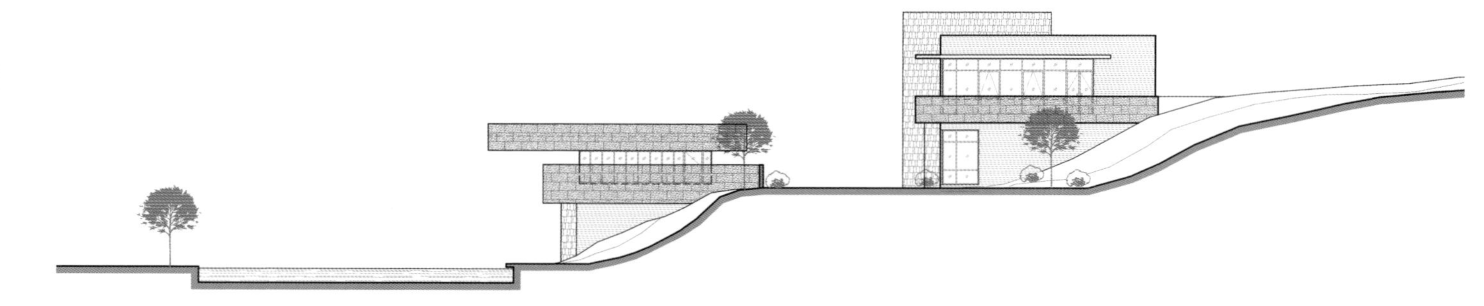

▼ 会所西立面图

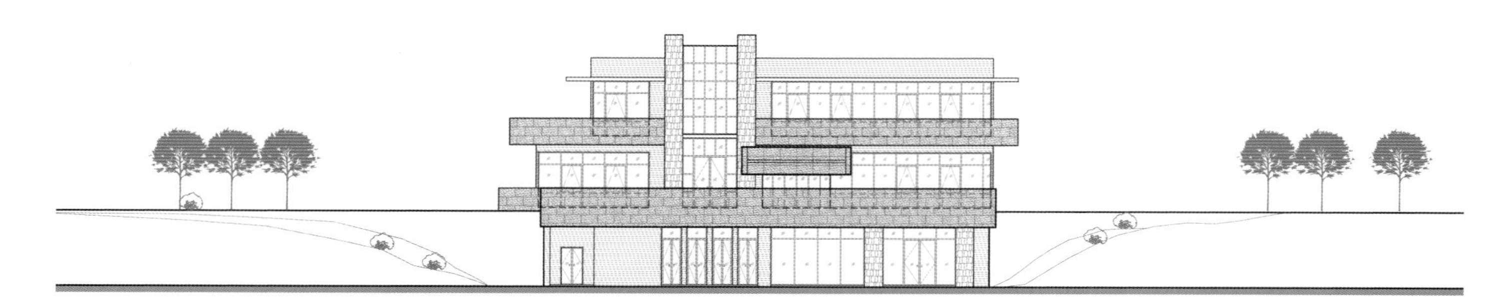

▼ 会所北立面图

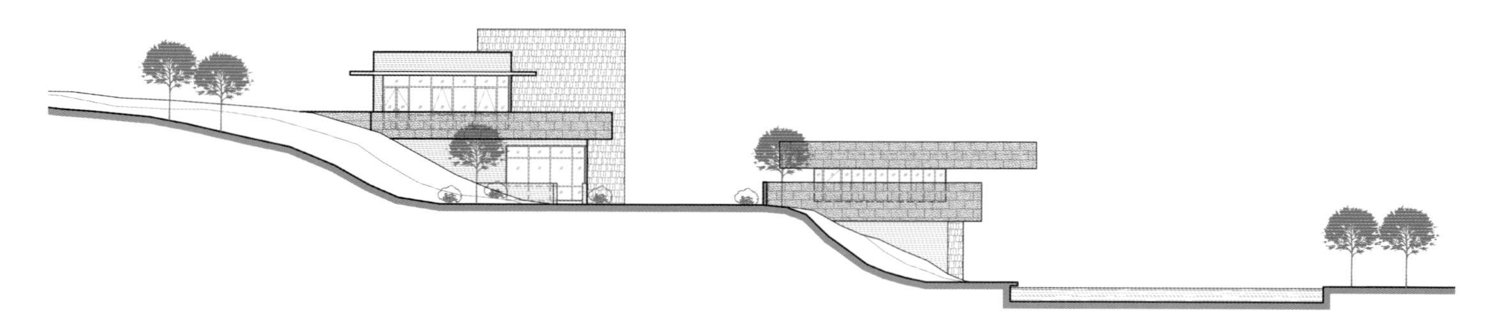

▼ 会所剖面图

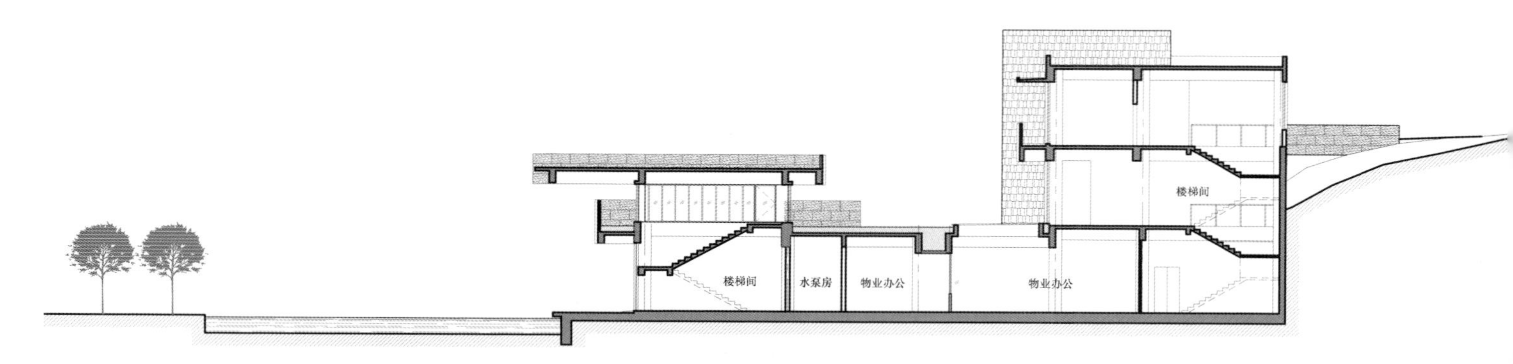

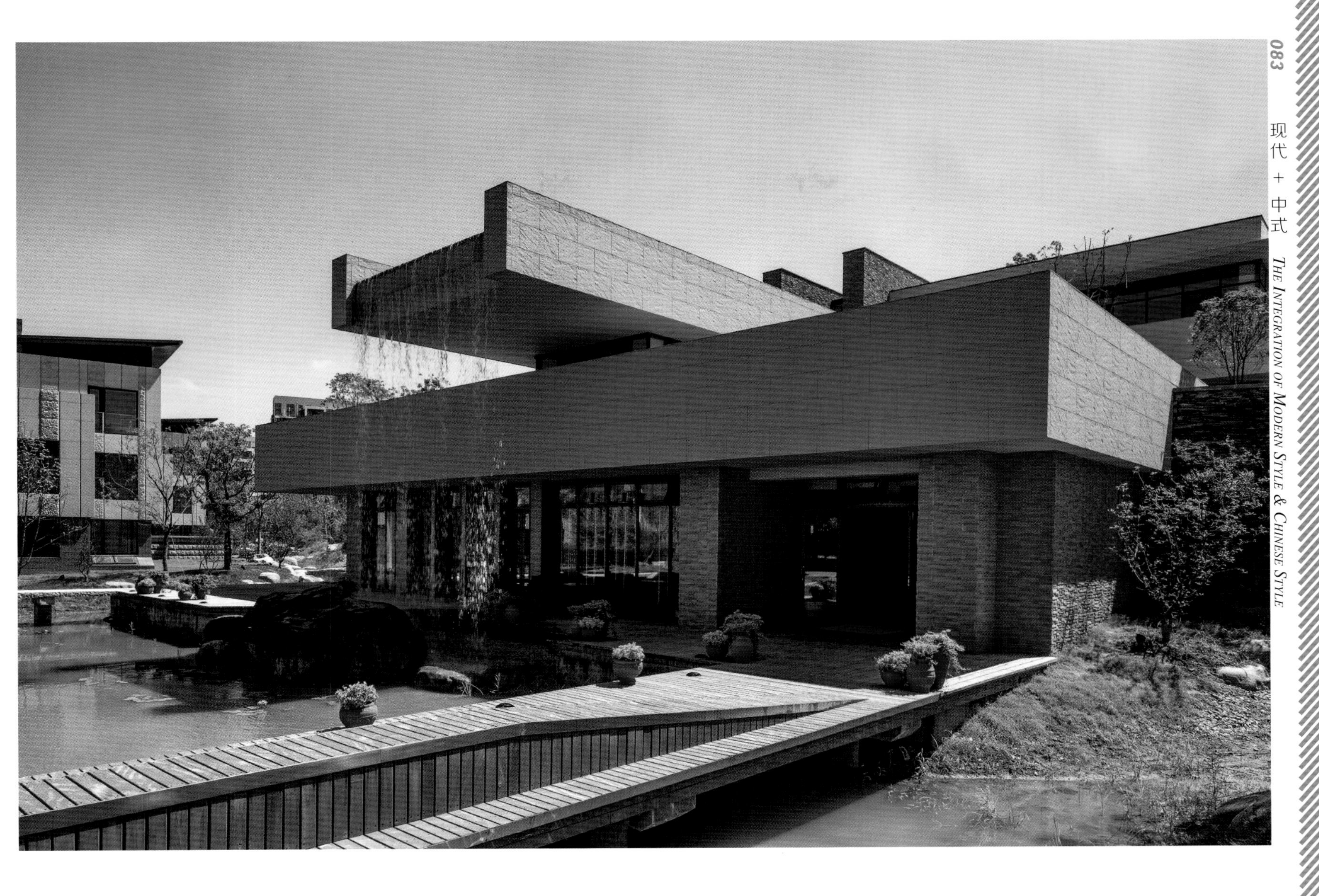

▼ 会所首层平面图

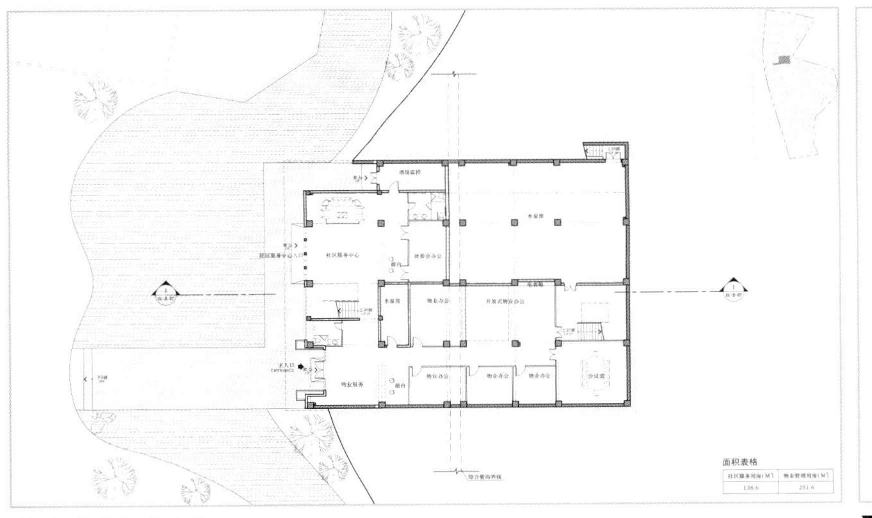

▼ 会所一层平面图

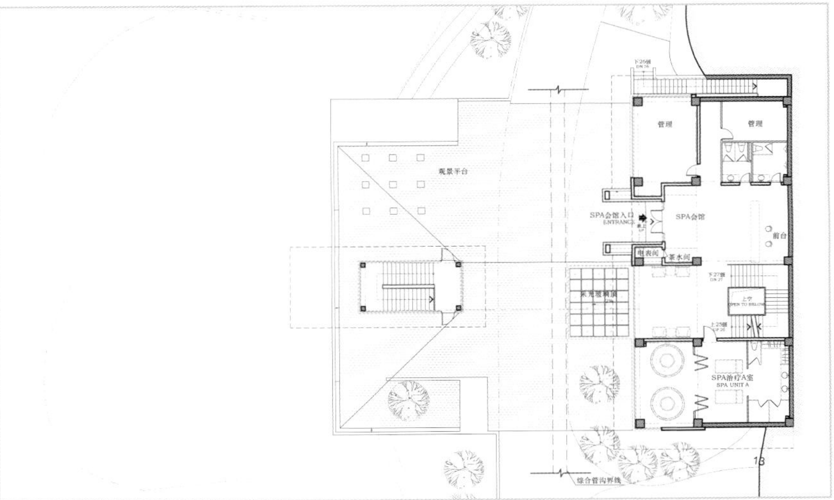

▼ 会所二层平面图

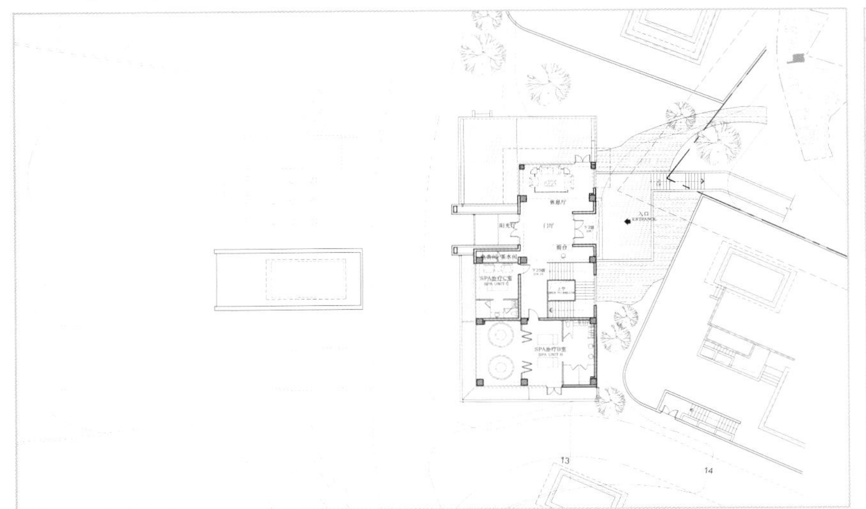

▼ 会所屋顶平面图

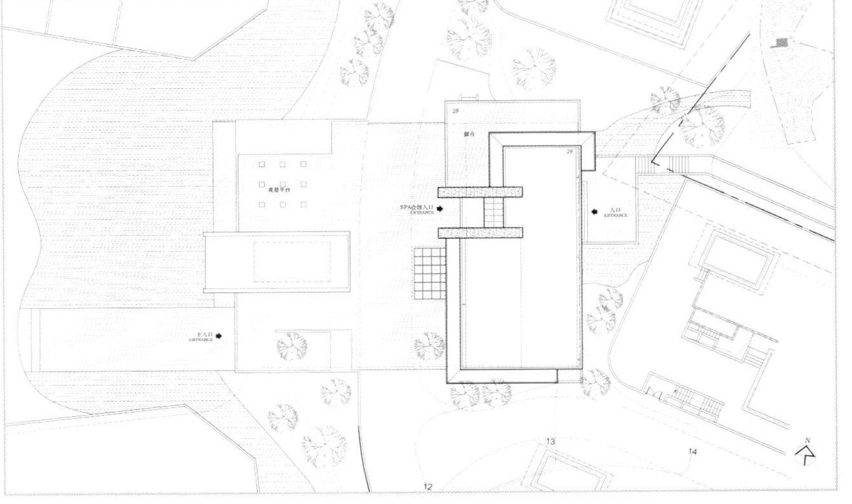

现代
苏派宅院

▶ 苏州拙政别墅

开发商>> 苏州赞威置业有限公司
建筑设计>> 上海现代建筑设计集团设计
项目地点>> 苏州市百家巷路8号
占地面积>> 10 064平方米
建筑面积>> 34 908.8平方米
采编>> 盛随兵

风格融合： *作为纯正苏式古典园林建筑，本案设计以对古典工艺的继承、古典园林的传承为宗旨，充分融入现代居所的舒适、美观、高效的设计特点，打造独具特色、彰显地位的顶级别墅空间。*

▼ 总平面图

1 主入口大门
2 入口樱园
3 紫藤
4 假山飞瀑
5 石平桥
6 石曲桥
7 门洞
8 连理树
9 牌坊
10 月洞门
11 宝瓶门
12 步道
13 照壁
14 百年香樟
15 亲水石肌
16 黄石假山
17 立峰
18 石拱桥
19 兰亭
20 水面
21 跌水
22 香洲
23 汀步
24 扇亭
25 草亭
26 地下车库人行入口
27 地下车库车行入口

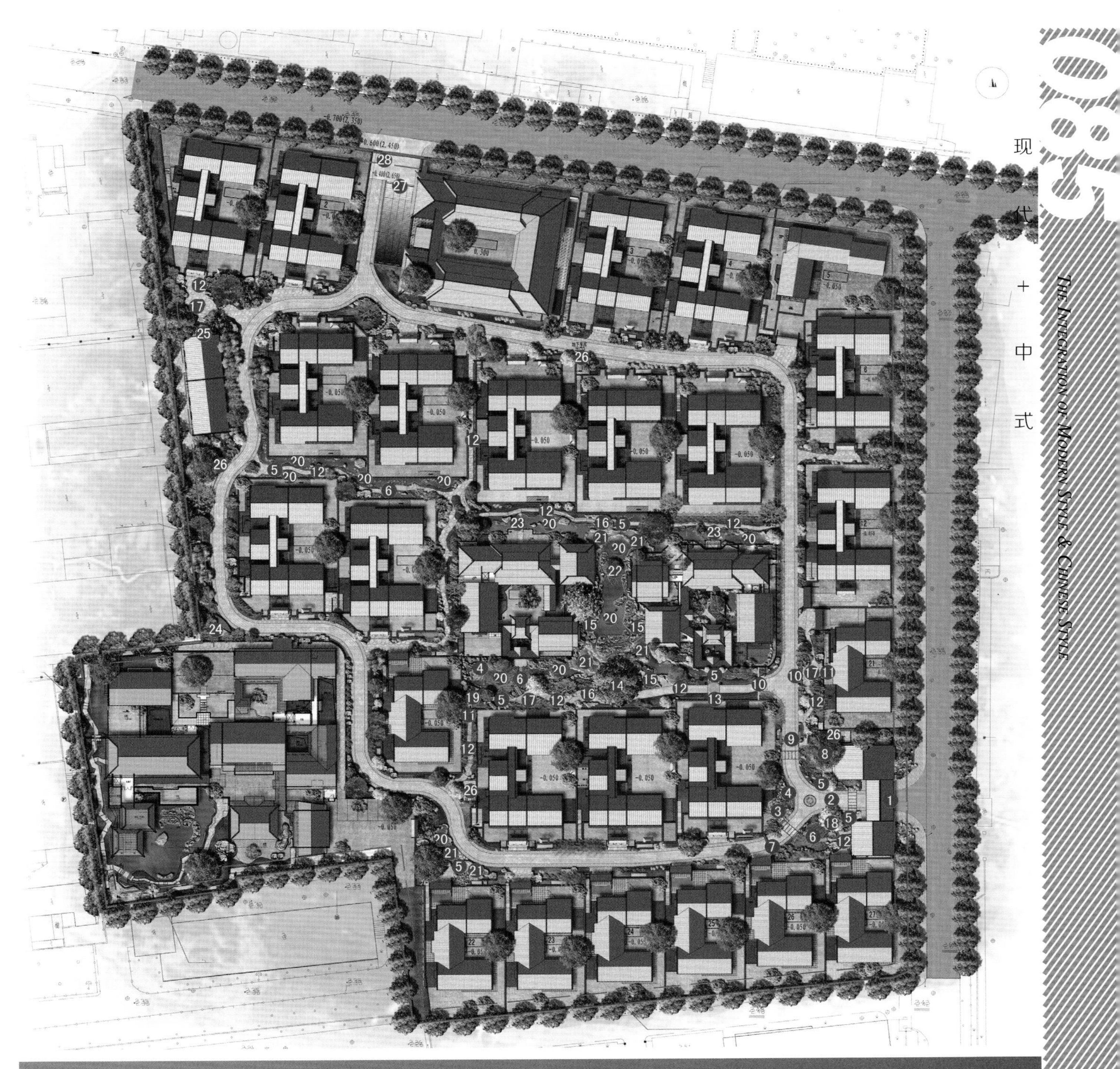

“园中园”别墅

苏州拙政别墅位于苏州古城区北园路与百家巷路交汇处，原为长风厂所在地，毗邻苏州拙政园、苏州博物馆、太平天国忠王府等建筑。项目整体设计充分体现苏州园林设计的精髓，将整个别墅区设计为“园中园”。总体布局以位于中央区域的2栋楼王及其所围合而成的叠水景观为核心，以串联整个别墅区的环形车道为纽带，联系起29栋私家园林院落及配套公建设施。

苏式古典园林

整个社区是个大园林，而门户之内则是小园林格局。可谓园中有园，而园园各不同。园内以文徵明“拙政园三十一景图”为母本，创制“拙政别墅十二景图”，再将文学、书法、绘画、雕刻、建筑、盆景等艺术门类系统完全融入，建造出纯正的苏式古典园林大宅。

古典工艺与创意中式材料融合

立面设计以苏州传统园林建筑的立面风格及细部做法为典范，携手苏州"香山帮"古典技艺传人，共同打造出粉墙黛瓦、古色古香的建筑立面。通过瓦当、滴水、檩条、望板、月洞门、海棠花窗、檐口起翘、举折等的运用，结合中国灰、大漆红、典雅白等淡雅的色调，再现苏州古典园林的神采。

同时，注重立面的线条线脚设计及屋顶横纵交错的处理，体现出设计的细致及施工的精细。别墅的屋面瓦采用琉璃筒瓦，外观较现代，而且瓦质坚固、不易吸水、不易褪色。项目大门采用金属铜制瓦，不仅具有金属光泽和质感，而且外观大气现代，瓦质坚固不易褪色。大门材料采用柚木，柚木材质名贵，不易开裂，耐腐蚀，且颜色厚重且有金属光泽，凸显大气而现代的气质。

▼ 4号楼立面图

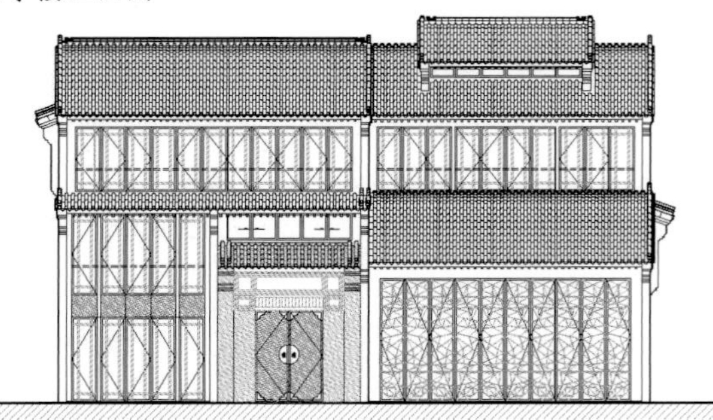

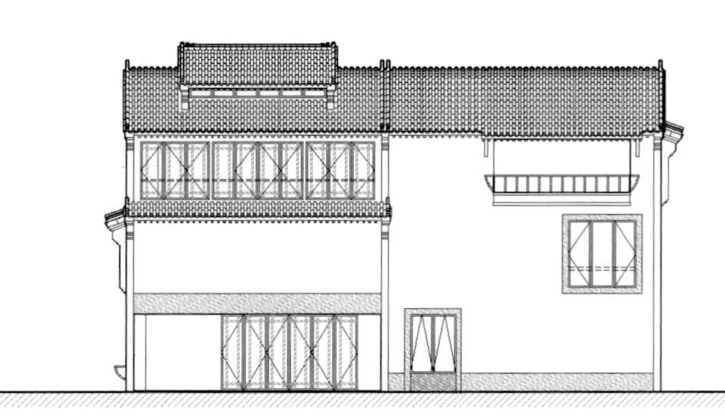

▼ 4号楼立面图

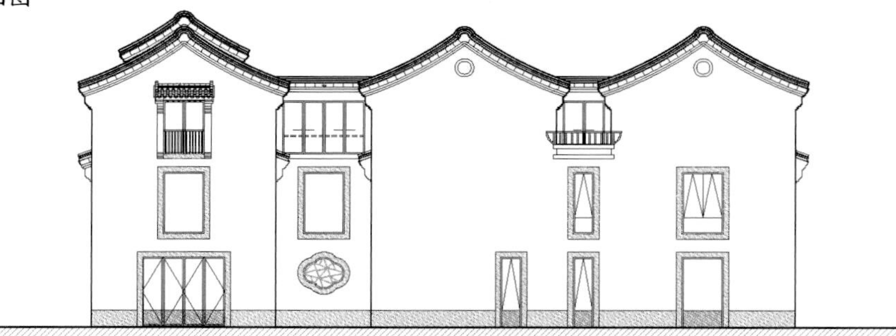

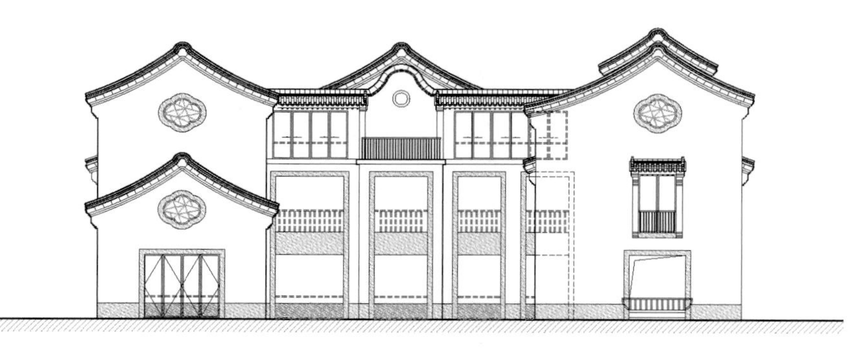

▼ 4号楼剖面图

NOTES

古典园林融入绿色生态

项目在古典园林建造空间中融入现代绿色生态的环保理念，通过窗墙比控制、先进保温材料选用、地暖技术、铝木复合门窗运用等当代前沿绿色生态技术，营造绿色生态的人居体验。

▼ C户型地下一层平面图

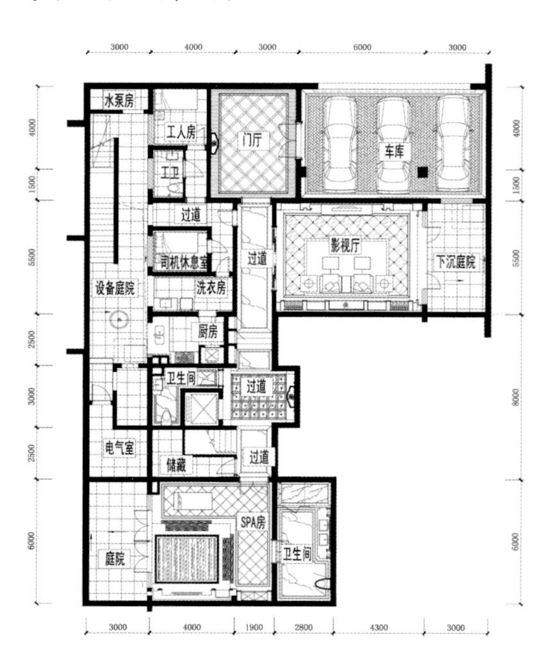

▼ C户型一层平面图

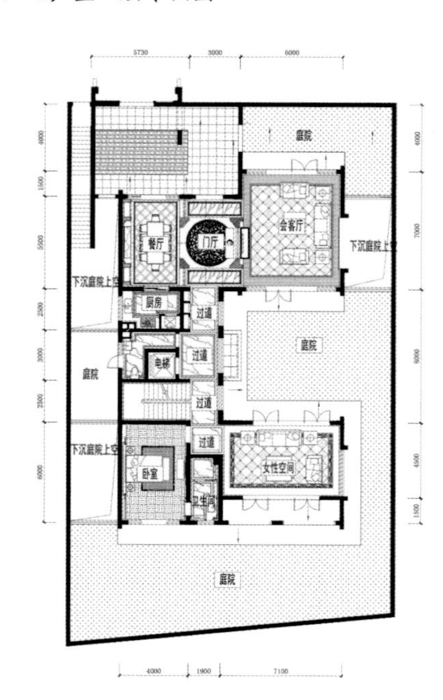

▼ C户型二层平面图

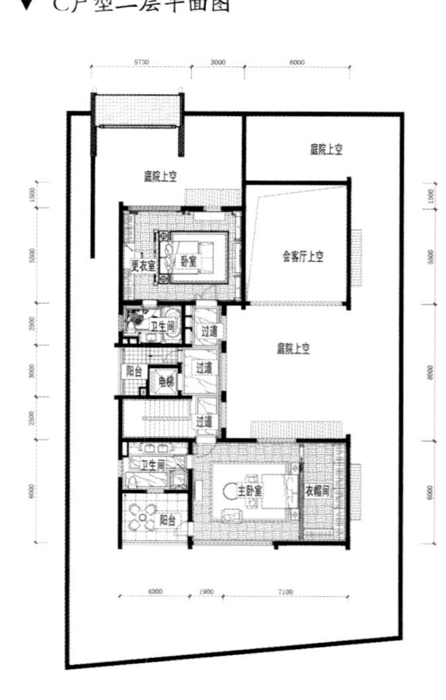

私密空间

在房型设计中，采用双客厅、双厨房、双门厅、双套房的空间设计。特别采用双流线设计，主人和服务动线绝对分离，5个入户门使其各自出入，不相干扰，保证主人私密的独享空间。此外，采用多庭院设计，每户不仅有前院、中院、后院、边院，而且有地下室，还设下沉庭院引入日光。

简约造型 中式园林

▶ 朗诗苏州绿色街区

开发商>> 苏州朗华置业有限公司
设计单位>> 上海联创建筑设计有限公司
设计师>> 朱永慧、李孝季、吴清灵、汪艳
项目地点>> 苏州市木渎镇区
占地面积>> 68 701.9平方米
建筑面积>> 196 273.79平方米
供稿>> 上海联创建筑设计有限公司
采编>> 盛随兵

***风格融合：**高层住宅采用简洁的现代建筑风格，联排别墅采用新中式建筑风格。项目用现代的手法把中国传统居住意境和建筑文化融入现代建筑中，同时打造出富有中国文化品质与华贵质感的现代中式园林景观，满足业主对东方生活方式和趣味性的要求。*

▼ 总平面图

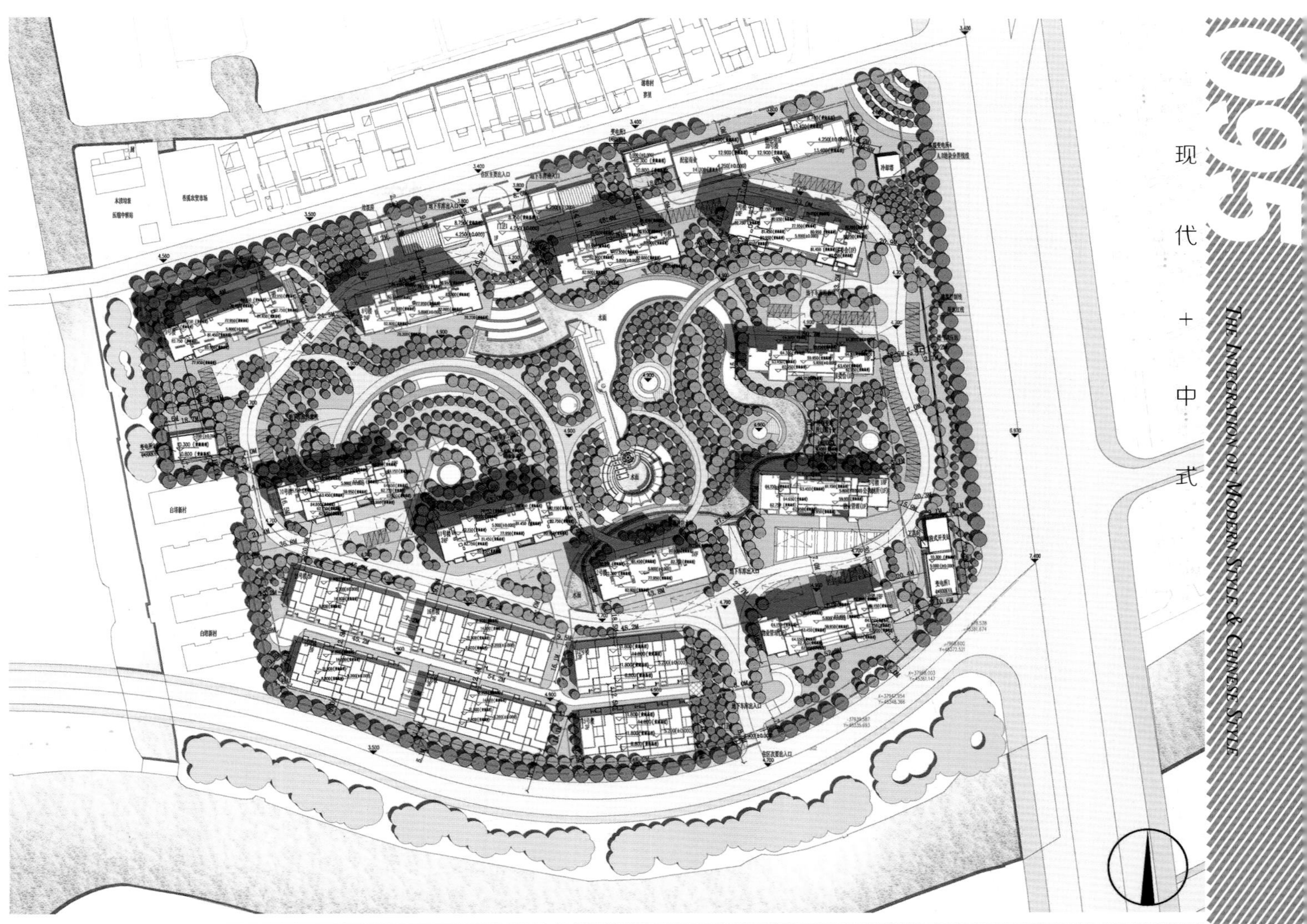

生态科技住宅

作为苏州城西首个绿色科技住区，项目位于苏州市木渎镇区金枫路旁，南面隔胥江北路与胥江运河相望，西面紧邻白塔浜。项目根据地形和所处环境布置了高层住宅及低层住宅，形成层次分明的住区空间。项目规划布局集中打造中央景观花园，把公共河道及中央景观的开放性与住宅组团开放景观资源自然结合，互相渗透，使居民既享受到楼前宅前的院落空间，又有公共的交往场所，最大限度地满足人们对室外空间的需求，创造出优美和谐的人居环境。

大型中心庭园

在地块的内部，创造了超大规模中央景观，形成景观公园。中央景观通过景观支线联为一体，同时实现了和宅前庭院形成渗透对话关系。设计师将景观设计有机地融入到建筑空间和环境场景中，为底层住户设置了私家花园，提供不同层次的空间领域，以亲切、柔和的景观构成安逸的内部环境，满足居家生活的环境需求和归属感。

新型环保材料

项目采用了很多新型的材料和技术，其中，运用地源热泵、新风送氧、隔音降噪等先进科技，使居室四季如春恒定舒适，24小时鲜氧不断。此外，窗户采用玻璃和断热型材，结合外遮阳系统，阳台钢化玻璃栏杆与涂料墙面肌理形成鲜明对比。

▼ 1号楼标准层平面

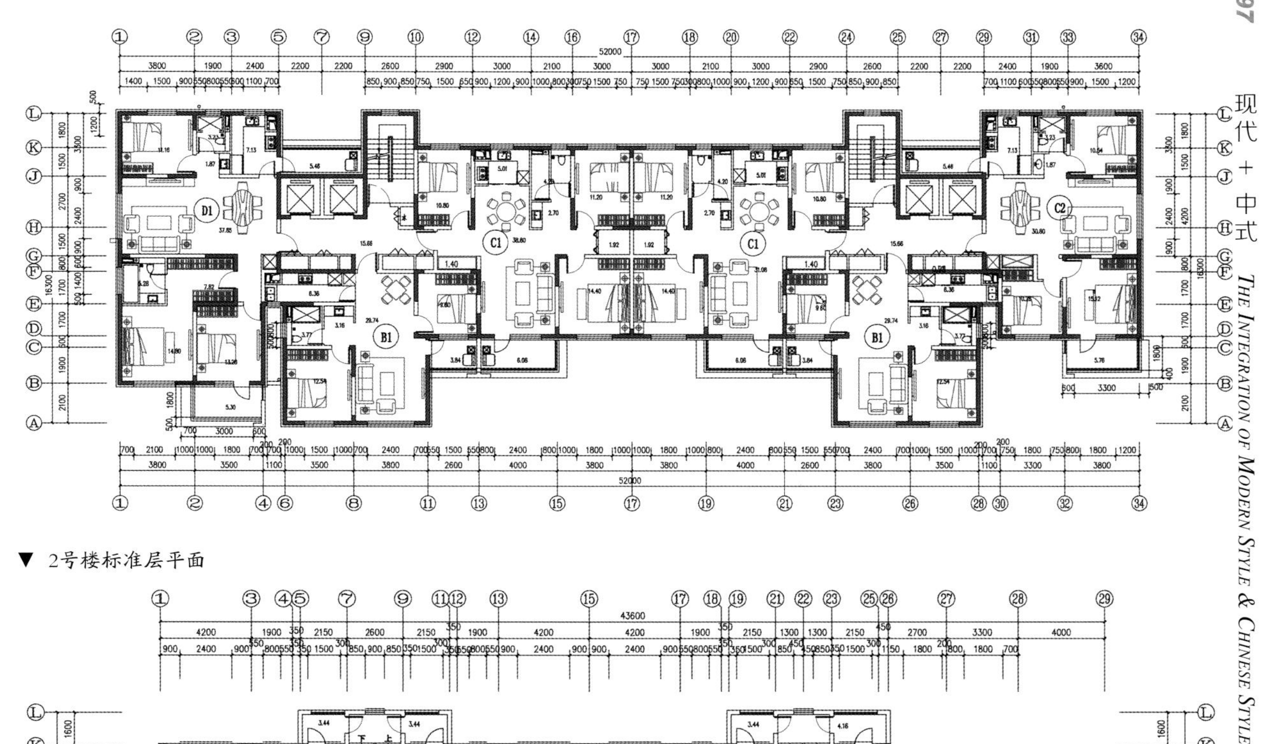

▼ 2号楼标准层平面

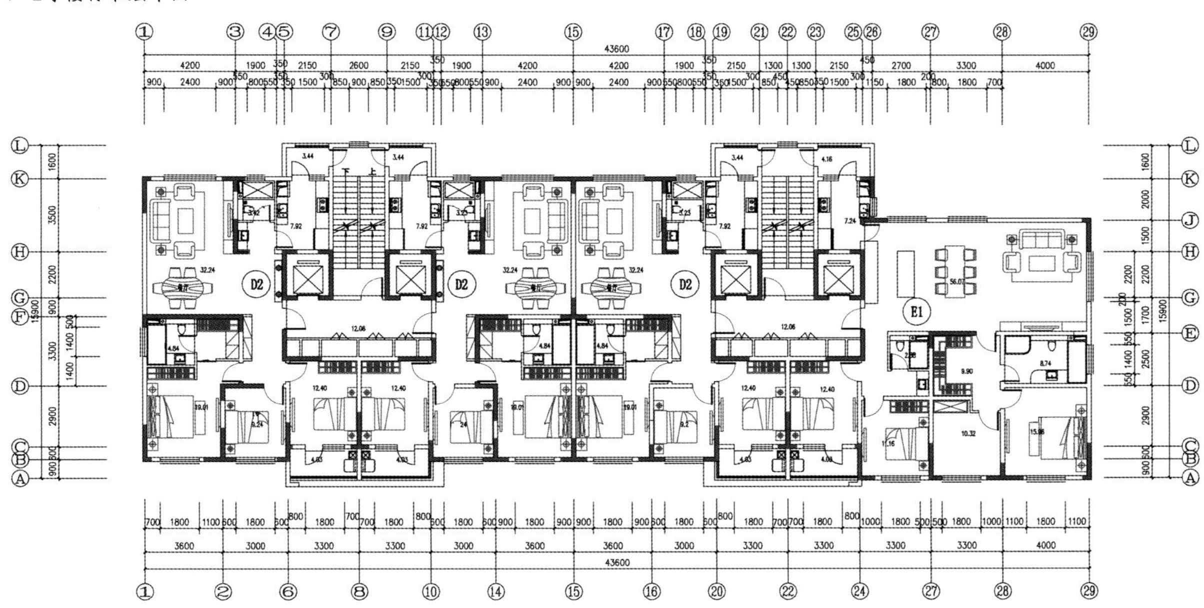

▼ 5拼别墅一层平面

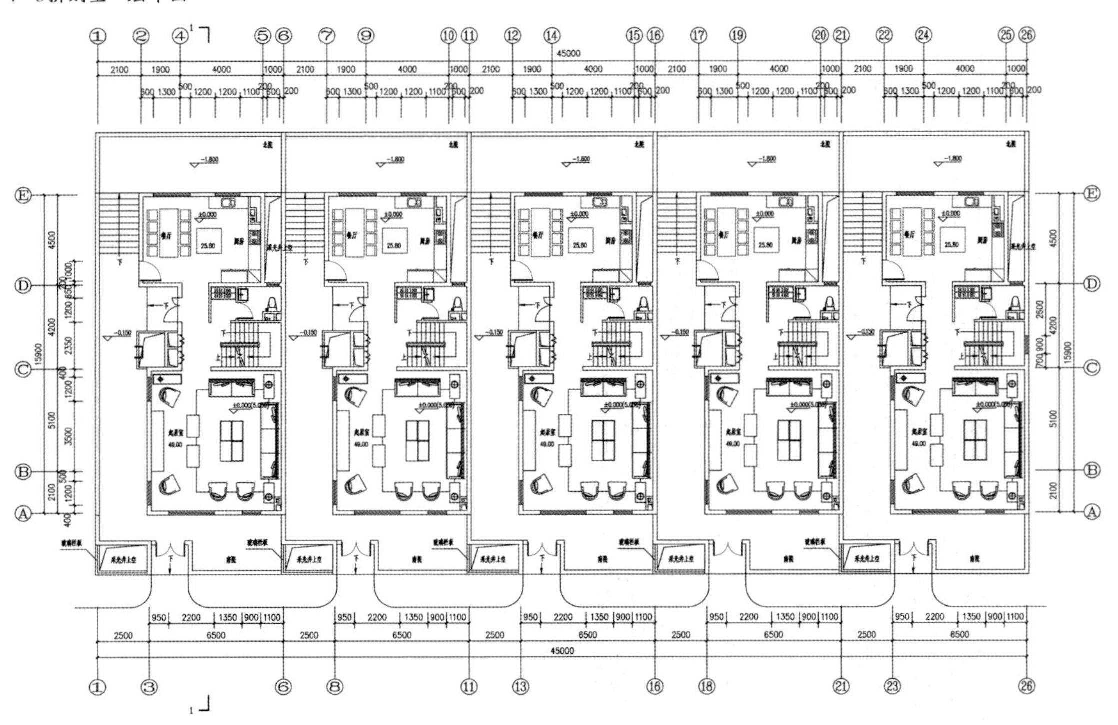

▼ 5拼别墅二层平面

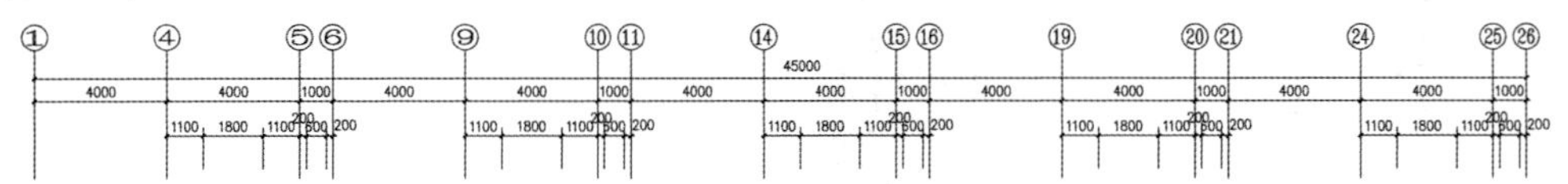

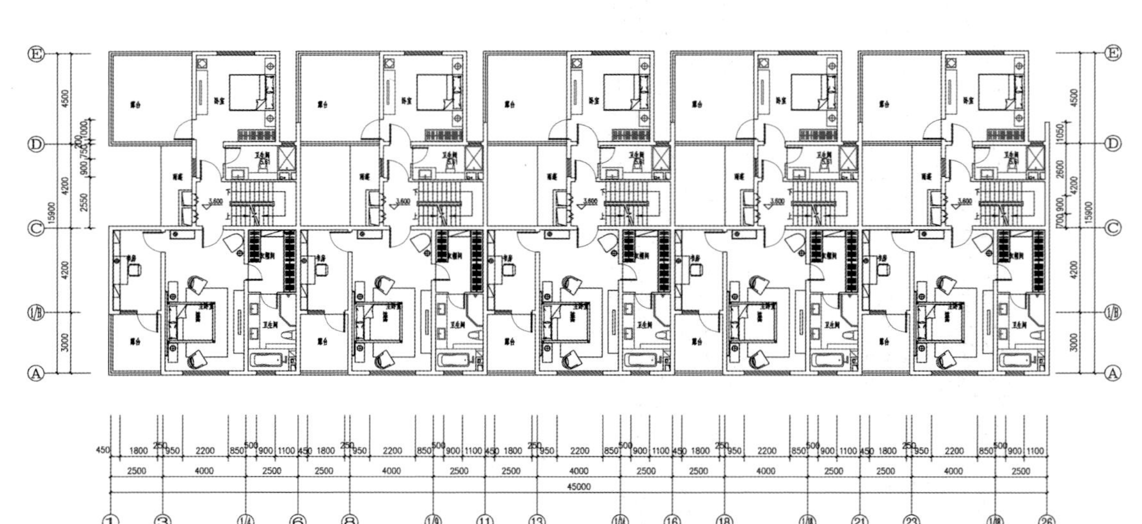

▼ 5拼别墅三层平面

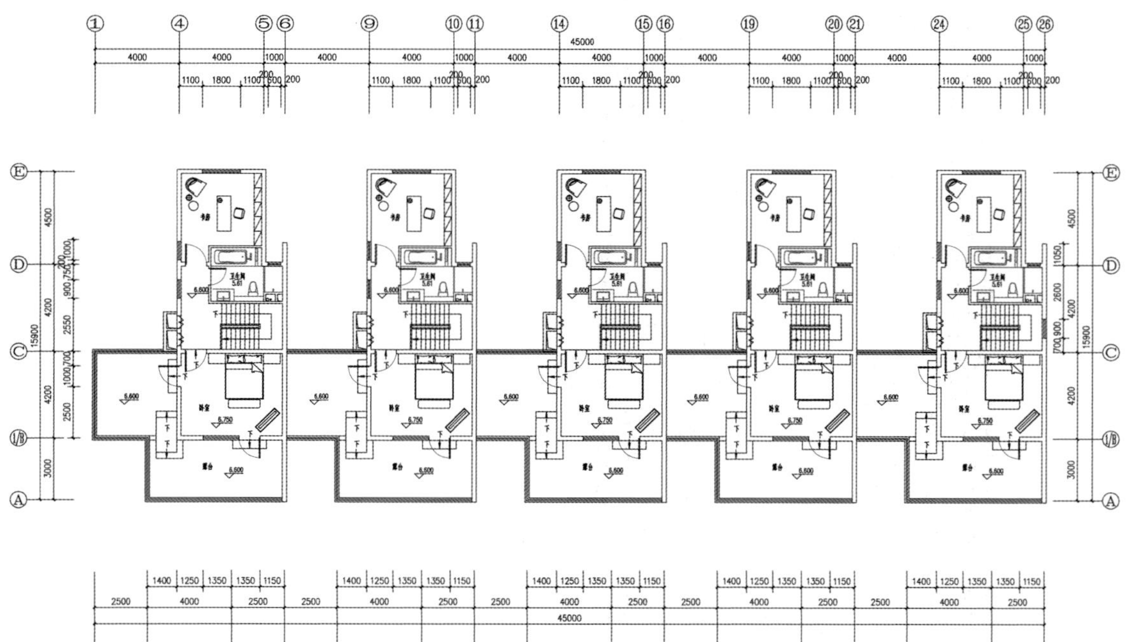

造型简洁明快 色调质朴温暖

建筑体型简洁明快，高层外立面底部采用浅咖啡色石材，顶部采用米色面砖，多层外立面以白色涂料为主，少量青砖点缀，阳台均采用玻璃栏杆，形成简约的新中式立面风格。在材质色彩上形成和谐统一的视觉效果。

立面材质以米色和白色为主，使建筑总体融入了阳光和活力，质朴温暖的色调既醒目又不过分显得张扬。同时其精致的建筑构件充满细腻感，给建筑增加了价值感。

NOTES

地源热泵

地源热泵系统主要利用地下浅层地热资源为建筑物供暖制冷，具有节能、环保、运行费用低等优点。另外，地源热泵非常耐用，所有的部件不是埋在地下便是安装在室内，避免了室外的恶劣气候，其地下部分可保证使用50年。

素雅立面 岭南庭院

▶ 珠海中邦城市花园

开发商>> 珠海中邦房地产开发有限公司
建筑设计>> 美国PJAR建筑设计事务所
景观设计>> 奥雅设计集团
项目地点>> 珠海市斗门区
占地面积>> 147 653.31平方米
建筑面积>> 298 305.38平方米
供稿>> 奥雅设计集团
采编>> 张培华

__风格融合：__项目运用现代时尚的设计手法，注入岭南元素，讲求自然、艺术与建筑的和谐。超大面积的落地窗，优雅的挑檐口，淡雅、素净的建筑立面，以流畅的现代手法演绎岭南庭院。

现代自然综合社区

项目位于珠海市斗门区白蕉镇，基地北面为天然河道，东面现状为排洪渠，河道以东为30米宽规划道路，用地南面分别与12米道路和24米道路相邻。项目按不同功能要求，形成一个中心三条景观带六个组团(岛屿)布局。六个组团即中心的双拼公寓组团，东侧和西侧及南侧为情景公寓组团，北侧为高品质、高强度开发的高层公寓组团，西南侧为幼儿园用地，东南侧为以会所功能为主的小型集中型商业、休闲娱乐场所，结合广场建设形成富有生机的城市空间。

▼ 总平面图

岭南特色融入现代建筑

用现代的建筑理念还原岭南建筑的特色，“海之螺”建筑形状极具大气、艺术特质，整体造型简约俊朗，还原岭南建筑开敞轻快的特点。

项目采用大面积的落地窗、高品质的钢制挑檐口配合米黄色和深灰色的大理石外墙，加上白色喷涂，让建筑立面显得素净、淡雅。同时，户户配置庭院，并种植花草，形成建筑与自然的互相包容。

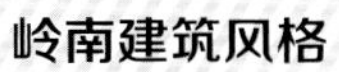

NOTES

岭南建筑风格

岭南建筑的风格是轻巧、开敞、通透。在功能上具有隔热、遮阳、通风的特点；建筑物顶部常做成多层瓦斜坡顶；外立面颜色以深灰色、浅色为主。岭南建筑讲究与人、与植物要有交流，露台、敞廊、敞厅等开放性空间得到了充分的安排，人们从封闭的室内环境中走向了自然，形成岭南建筑装饰空间的自由、流畅、开敞的特点。

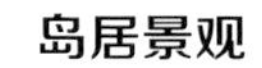

岛居景观

项目依天然水湾而设，顺应建筑规划“群岛和螺旋”的设计理念，引入多条“弧线”，突破传统横平竖直的方正呆板，巧妙地将水景、溪流、植被景观、步行系统串为一体，居者由每栋楼前的弧线亲水道路步入其中，体验到一种自然灵动又富于变化的立体美学空间享受。

休闲吧

韵律简洁灰白色调

▶ 深圳中信岸芷汀兰

开发商>> 深圳中信地产
建筑设计>> 澳大利亚柏涛（墨尔本）建筑设计亚洲公司
景观设计>> 奥雅设计集团
项目地点>> 深圳南山区
占地面积>> 11 742.71平方米
建筑面积>> 约60 000平方米
采编>> 张培华

风格融合：*项目不仅强调现代主义风格，而且增加了传统中国特色的韵味在里面，使建筑回归自然。建筑造型简洁美观，韵律感强，立面色彩运用传统的灰白颜色，营造出浓厚的东方韵味。*

半围合式滨海豪宅

项目坐落于深圳湾畔，拥有得天独厚的环境，面临滨海大道，到地铁二号线步行仅需10分钟。项目结合地块特点及地块周边项目的状况，采取两个体块半围合平面的组合，保证户户主朝向均面向深圳湾，最大化景观面。形成既有围合感又通透的组团庭院，使得整个小区具有极强的向心感和层次感，并营造出具有亲和力的室外活动空间。

“非拼合”户型

户型方正实用，完全非拼合舒适三房、四房。室外半围合式建筑布局、9米架空层、270°景观阳台、开放式大堂设计，室内大尺度的客厅设计，双层挑高阳台，融合实用性与未来性、审美性的设计细部，给予居住者充满韵味的美学体验。

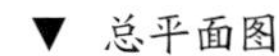

▼ 总平面图

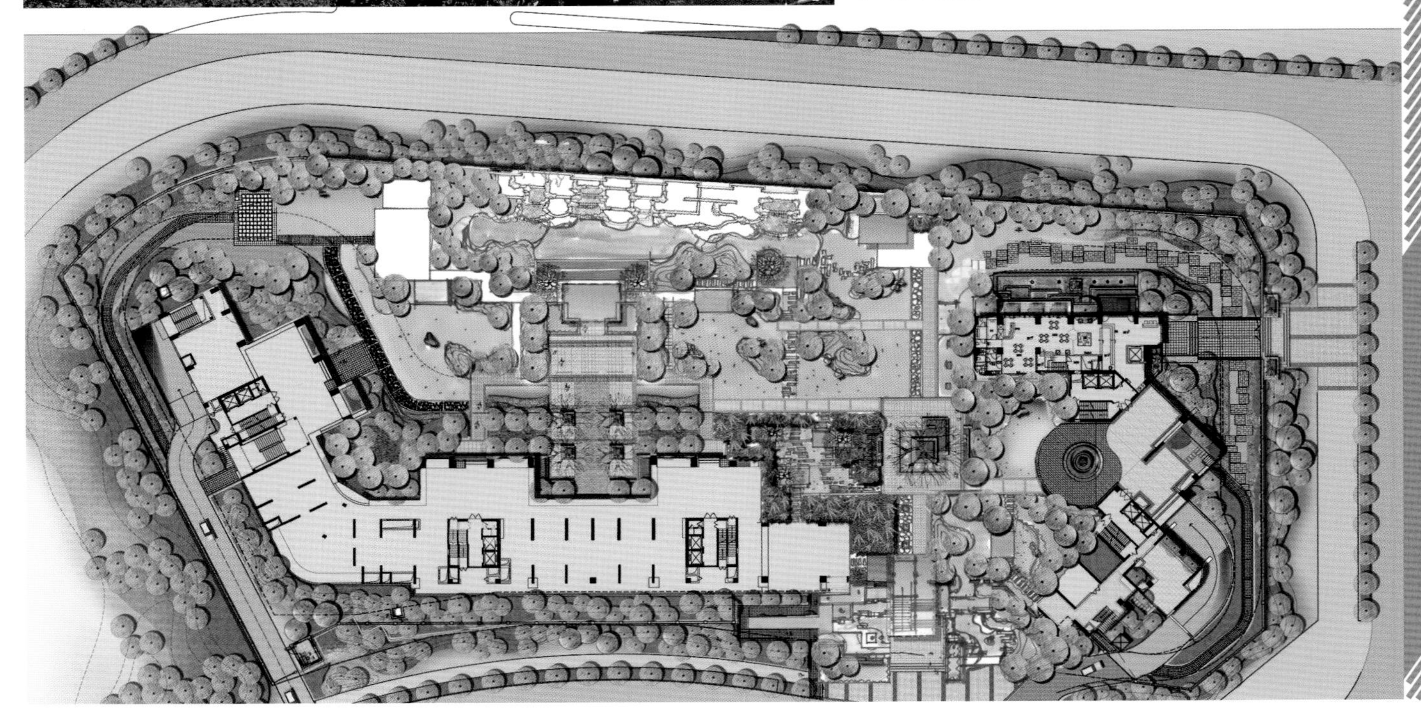

▼ 2#楼立面图

▼ 1#楼立面图

现代手法演绎东方风情

项目为倒品字形建筑，在建筑风格上，以中国传统民居建筑的白色与灰色为主色，设计竖向框架步入式阳台，结合水平线角飘板，使外观简洁、明快，富有时代气息。

立面采用大玻璃窗，赋予充足的透明度和轻快的时代效果，简洁有力的建筑细部处理，均着重增加节奏的明快感。

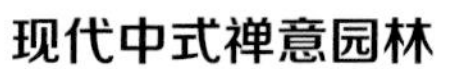

现代中式禅意园林

园林设计运用各种现代手法，整个空间既富有中国古典园林的韵味，又不失现代气息。通过缩小入口空间的尺度增大主体景观的空间感；在沿滨海大道一面建了一道高大的隔音墙，并用一个仿"万里江山长卷"式的立体山水把这个隔音墙隐藏起来；庭院植物设计参考了东南亚简洁庭院园林的设计语言，营造出具有中式意韵的东方庭院景观。

赖特+中式吸取了赖特有机建筑的理念，在“赖特草原式”基础上融入中式建筑的代表元素。在立面细节上采用丰富、和谐手法，强调保持材料本色，通过高低错落的坡顶，疏密有致的节律，塑造出丰富且独具中式特点的立面形态。从而实现将建筑、自然与人紧密结合起来，体现建筑对当地人文环境的尊重。

关键词：有机建筑 中式元素

色彩柔和 自然材质

▶ 北京亿城燕西华府

开发商>> 北京亿城集团
建筑设计>> 上海日清建筑设计有限公司
景观设计>> 户田芳树风景计画株式会社
项目地点>> 北京市丰台区
占地面积>> 340 000平方米
建筑面积>> 380 000平方米
采编>> 盛随兵

风格融合：*项目总体延续赖特建筑风格，保留标志性的大屋顶，立面设计通过层层退台，层层挑檐，强调线条和面的对比，体现浓厚的田园自然气息。坡屋顶采用多重挑檐和飞檐的设计，具有中国传统建筑的独特韵味，增加了建筑整体的造型感、体量感和向上的动感。*

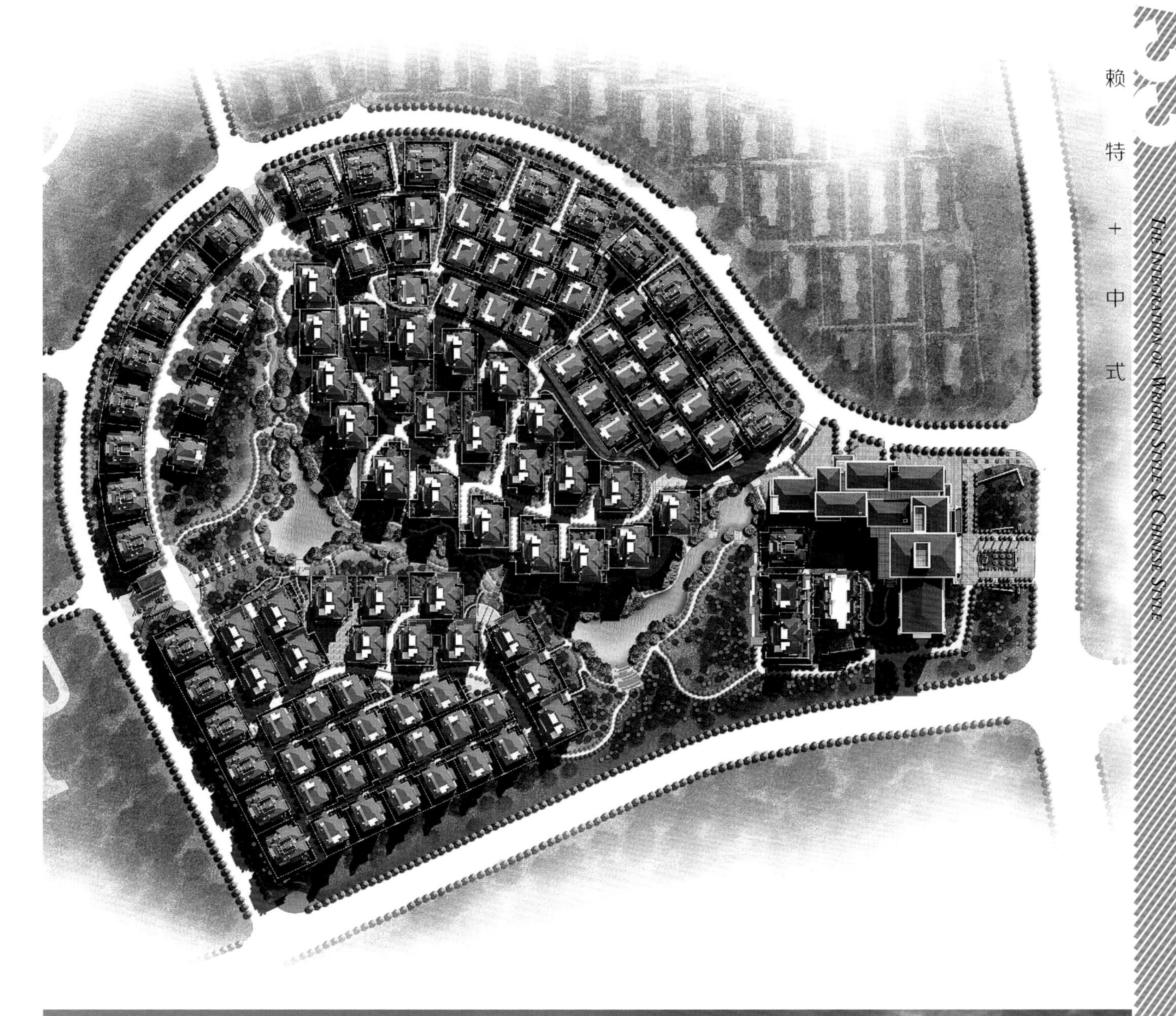

东方意境纯别墅住区

项目依山傍水而建，规划以联排、双拼和独栋别墅为主。整体采用“四水归堂”的设计理念，利用四面高中间低的地势，园林设计在C区的四隅方各挖掘一条河，从四方汇聚到峡谷，在中心形成一个水面，实现以水为脉，引水绕宅。建筑单体则采用内庭院的设计，并利用地形高差，进行建筑的私密化设计，确保住宅私密性。

独创三层挑空庭院

联排产品独创三层挑空的庭院，通过一个搭板，形成三层挑空空间，可以达到双面采光的效果。一层的南北花园均配有入户门，优化居家动线。花园中设有一个采光井，解决采光和通风问题的同时，也避免了下雨时地下室进水的问题。

NOTES

赖特草原风格

赖特草原风格的形成在很大程度上受到东方文化尤其是日本文化的影响，因此赖特建筑与东方禅境园林融合得非常好。一道道出挑的深色大屋顶，远远望去，就像藏在绿林中的一片片树叶，强调包容、自然低调但不平凡，让人有精神上的归属感。

赖特草原风格结合东方元素

项目的建筑外立面在赖特的基础上进行调整，使其体现出更多的尊贵感和城市感。色彩上采用符合人们居住习惯的色彩，从泥土和秋叶的柔和、温暖中得到灵感，大量运用灰色和红色，体现砖、木的本来面目，使建筑物与大自然互相依存。

为增加外立面的立体感，特意用锤形机器在石材表面敲击出微小的坑洞，在石材表面形成形如荔枝皮的粗糙纹理。

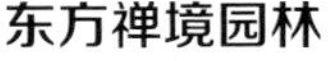

东方禅境园林

园林景观设计贯穿赖特理念，以东方禅境园林为主题，并将禅的7个理解运用到项目的景观设计里。在高差20米的台地园林中，保留3500余株原生树，充分营造大自然带来的清新和惬意氛围。

◀ 首层平面图

▼ 负一层平面图

▼ 二层平面图

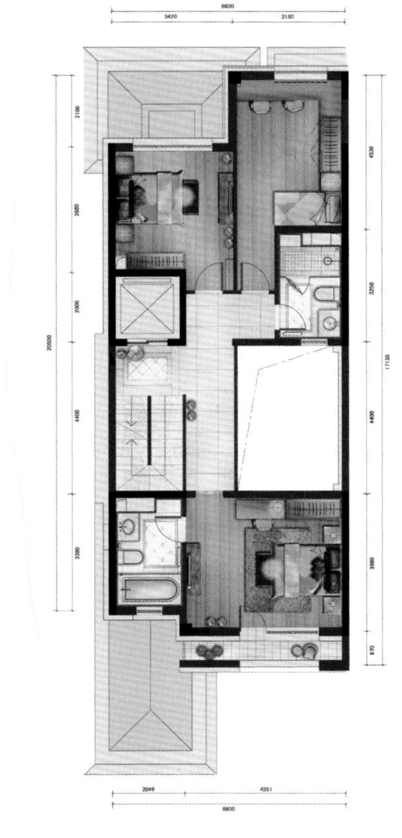

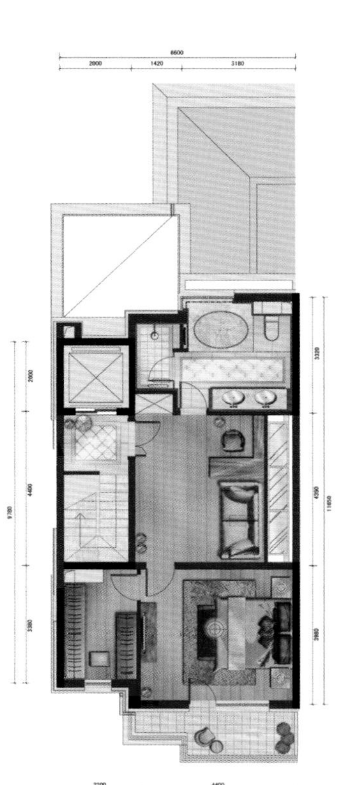

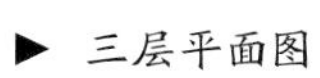

► 三层平面图

赖特风格东方庭院

▶ 上海宝华栎庭

开发商>> 上海恒吉投资有限公司
建筑设计>> 上海天华建筑设计有限公司
项目地点>> 上海市嘉定南翔镇
占地面积>> 52 100平方米
建筑面积>> 61 102平方米
采编>> 盛随兵

***风格融合：**项目建筑采用了将赖特草原风格与东方庭院完美相融的设计风格。在立面细节上采用丰富、和谐的手法，通过高低错落的坡顶，塑造出丰富的立面形态。*

▶ 总平面图

森林合院别墅

项目从森林别墅的角度出发，利用合院与独栋模式相结合，由20套独幢别墅和72套独院别墅组成，每套平均面积约300平方米。

有别于一般的低密度产品，以四户住户围合而成的合院作为一个整体居住单元，既相互联系又较好地保证各自的私密性，一方面作为一种向传统院落模式发展的探索，尝试新的居住空间形式；另一方面，对于单元的整合使住宅产品在保持较好空间质量的同时更能有效地利用土地资源。

全冠移植景观

在社区的外景设计上，采用绿化来区隔每栋别墅，每一组合院的公共空间都种有一棵主体性的稀有树种，并在公共走道都种上不同的树木。这些树种均为提前2至3年接受适应种植，并采用全冠移植方法保证原汁原味营造最自然的生态社区。

2.0m

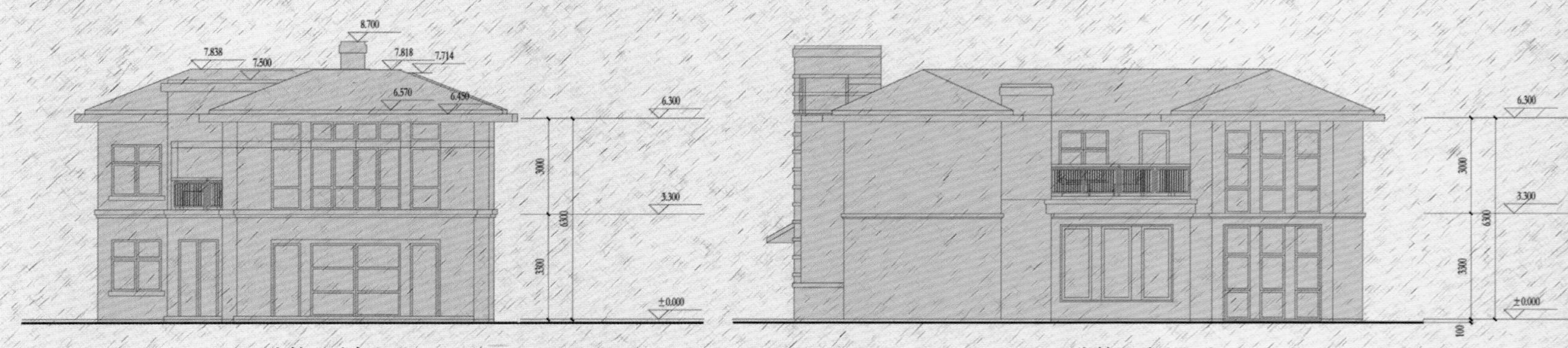

▲ 独栋A型南立面

▲ 独栋A型西立面

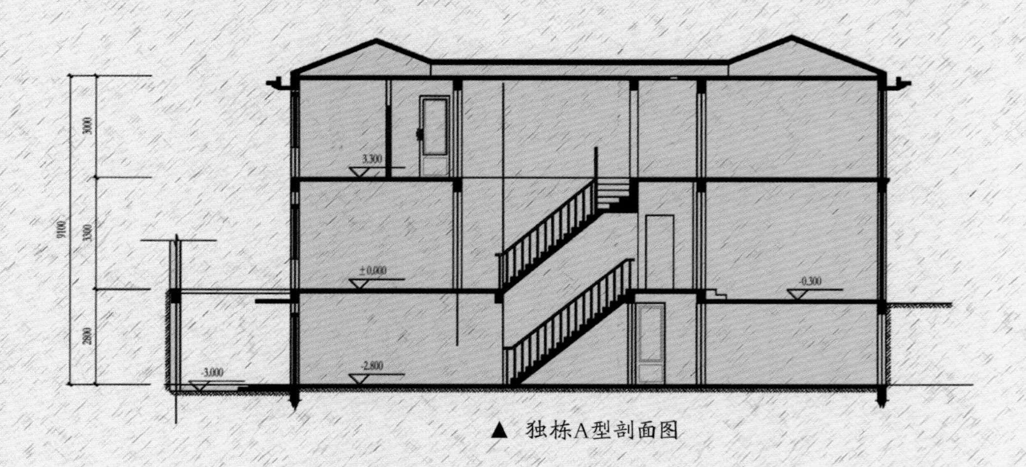

▲ 独栋A型剖面图

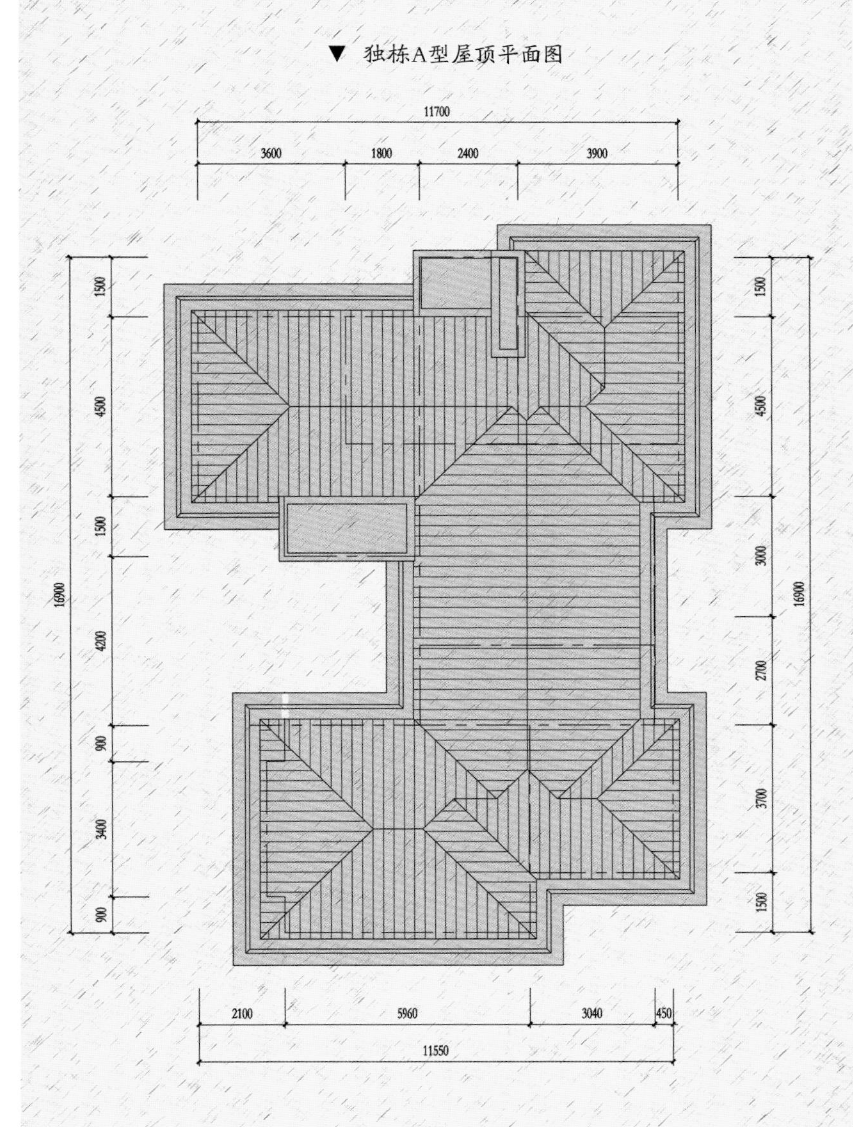
11700
3600
1800
2400
3900
1500
4500
1500
4200
900
3400
900
16900
1500
4500
3000
2700
3700
1500
16900
2100
5960
3040
450
11550

▼ 独栋A型屋顶平面图

▼ 独栋A型地下层平面图

▼ 独栋A型一层平面图

▼ 独栋A型二层平面图

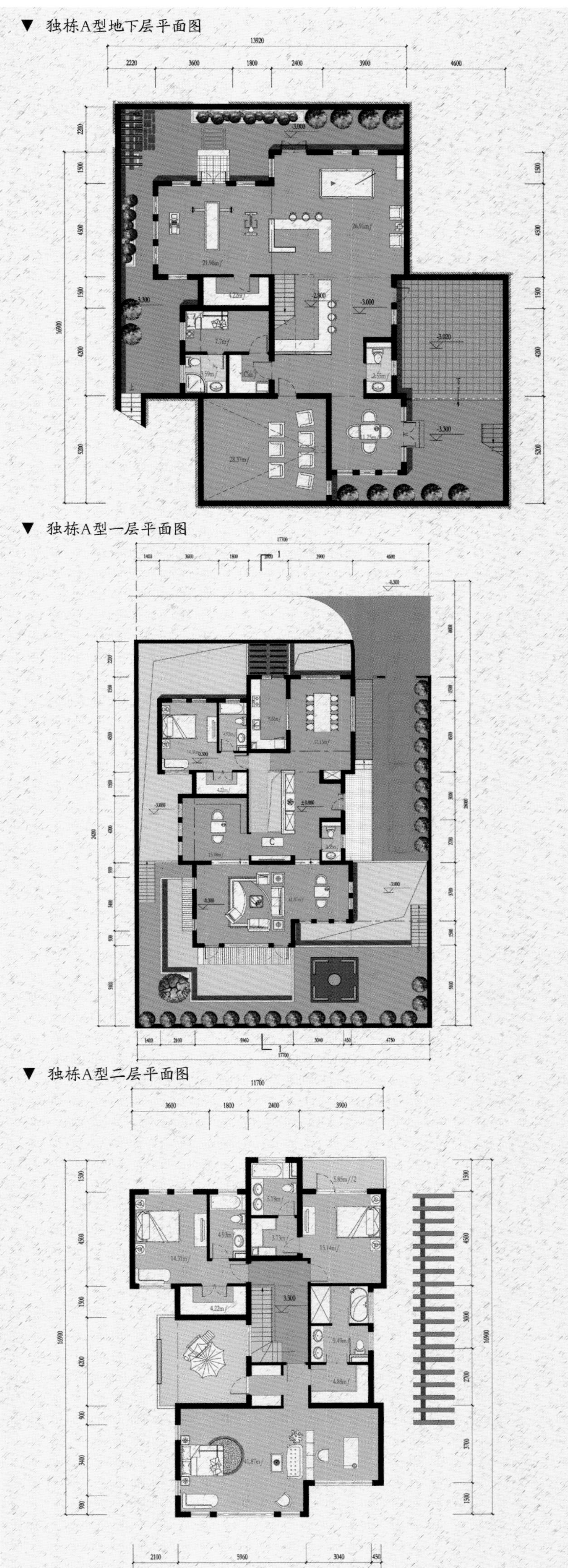

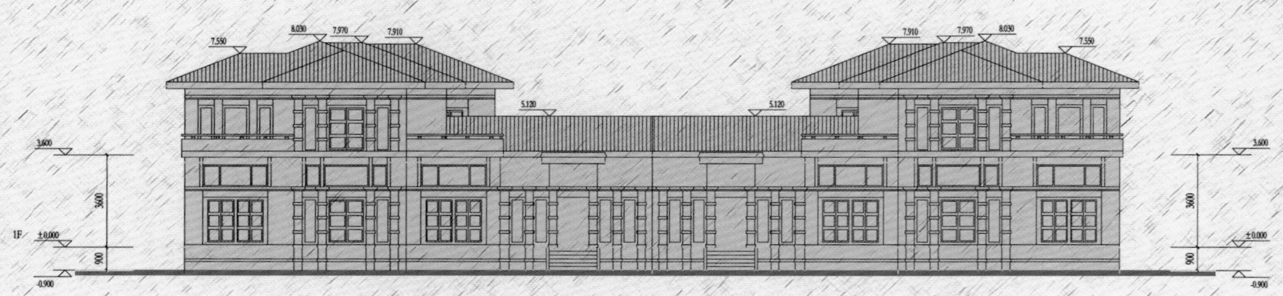

▲ 院墅A型南立面

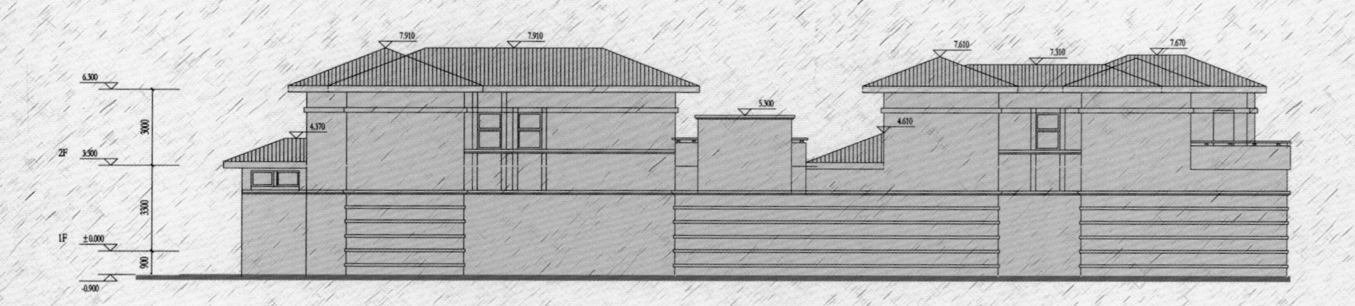

▲ 院墅A型西立面

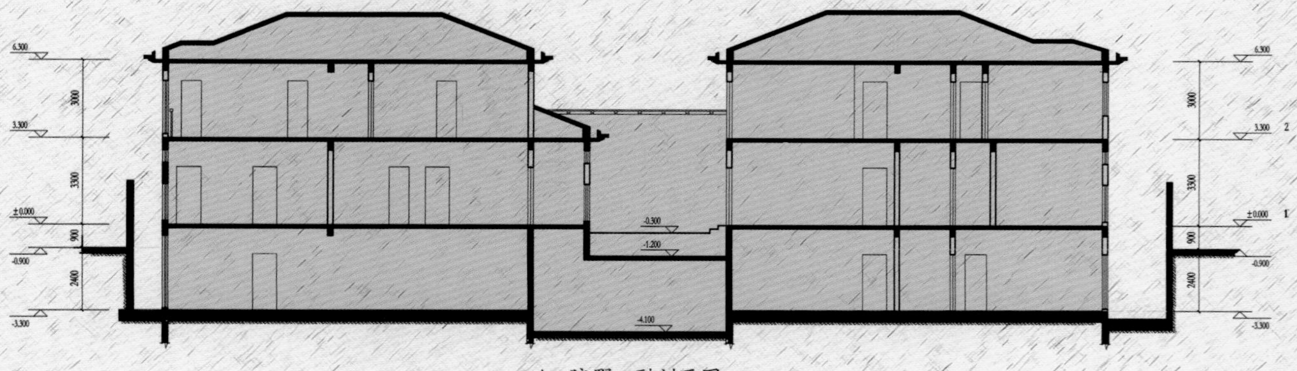

▲ 院墅A型剖面图

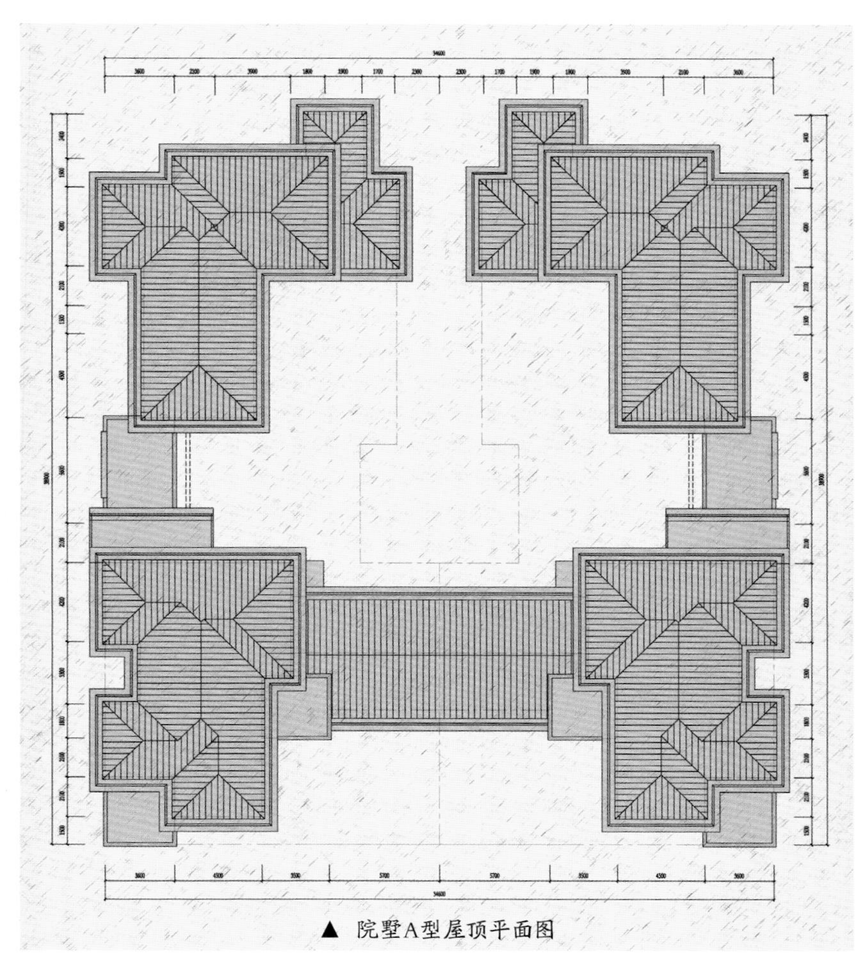

▲ 院墅A型屋顶平面图

赖特风格结合东方庭院

项目的建筑设计灵感来自于赖特风格的厚重、典雅，以及庭院深深的东方韵味，其主要构思是：用大树和墙院、灌木以保证户与户之间的“私人空间”；采用极其稳重和优雅的中式风格为建筑符号进行混搭；精心打造与建筑和谐配合且风格各异的精装庭院；此外极富生机的红砖、陶罐、小灌木、花卉等细节相映成趣。

草原风格的建筑形象能够尽可能地减少建筑对自然环境产生的破坏，同时草原风格的野趣、个性也是对森林别墅形象的良好阐述。

在立面细节上采用丰富、和谐手法，通过高低错落的坡顶，疏密有致的节律，塑造出丰富的立面形态，在明朗中不失亲切。

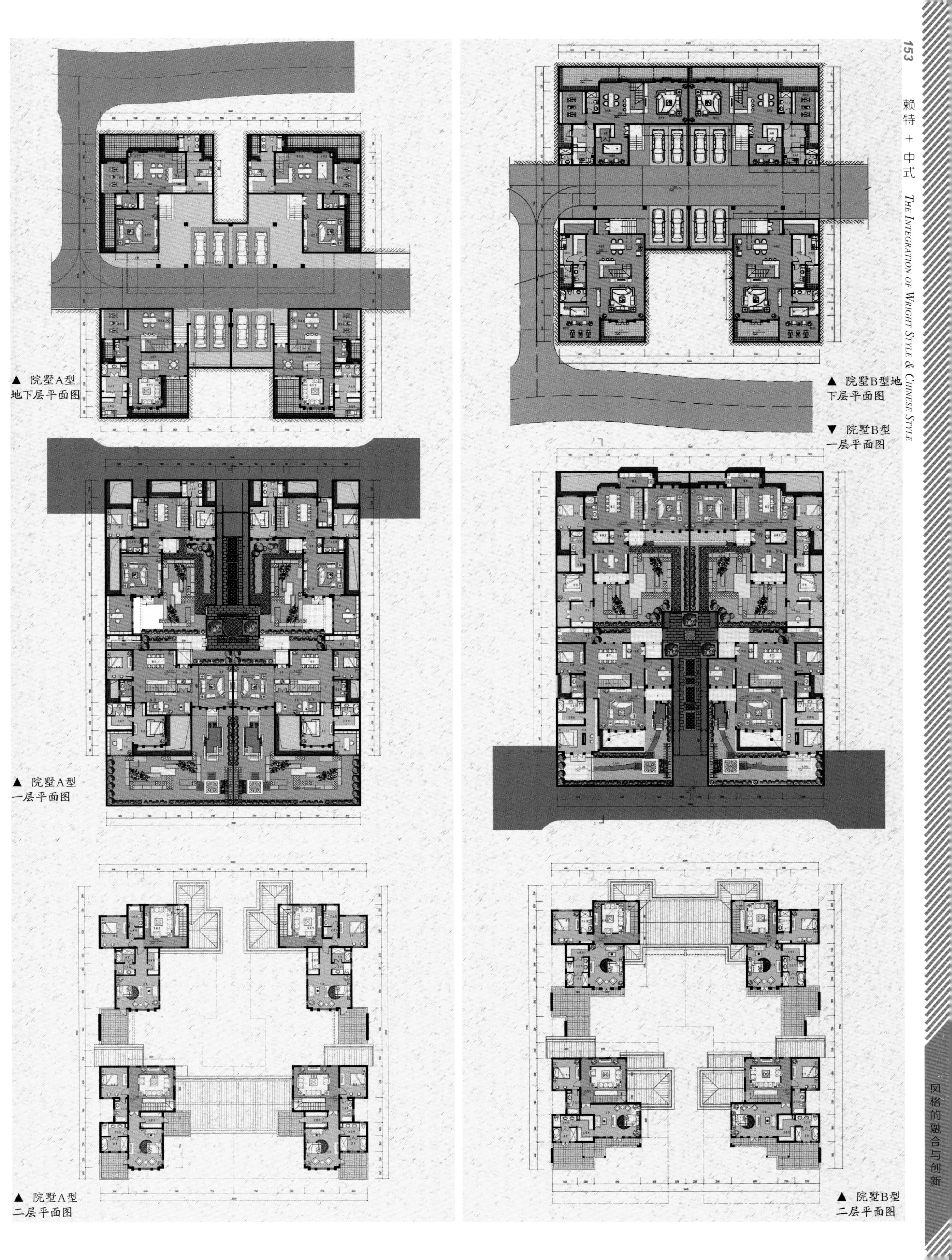

▲ 院墅A型地下层平面图

▲ 院墅A型一层平面图

▲ 院墅A型二层平面图

▲ 院墅B型地下层平面图

▼ 院墅B型一层平面图

▲ 院墅B型二层平面图

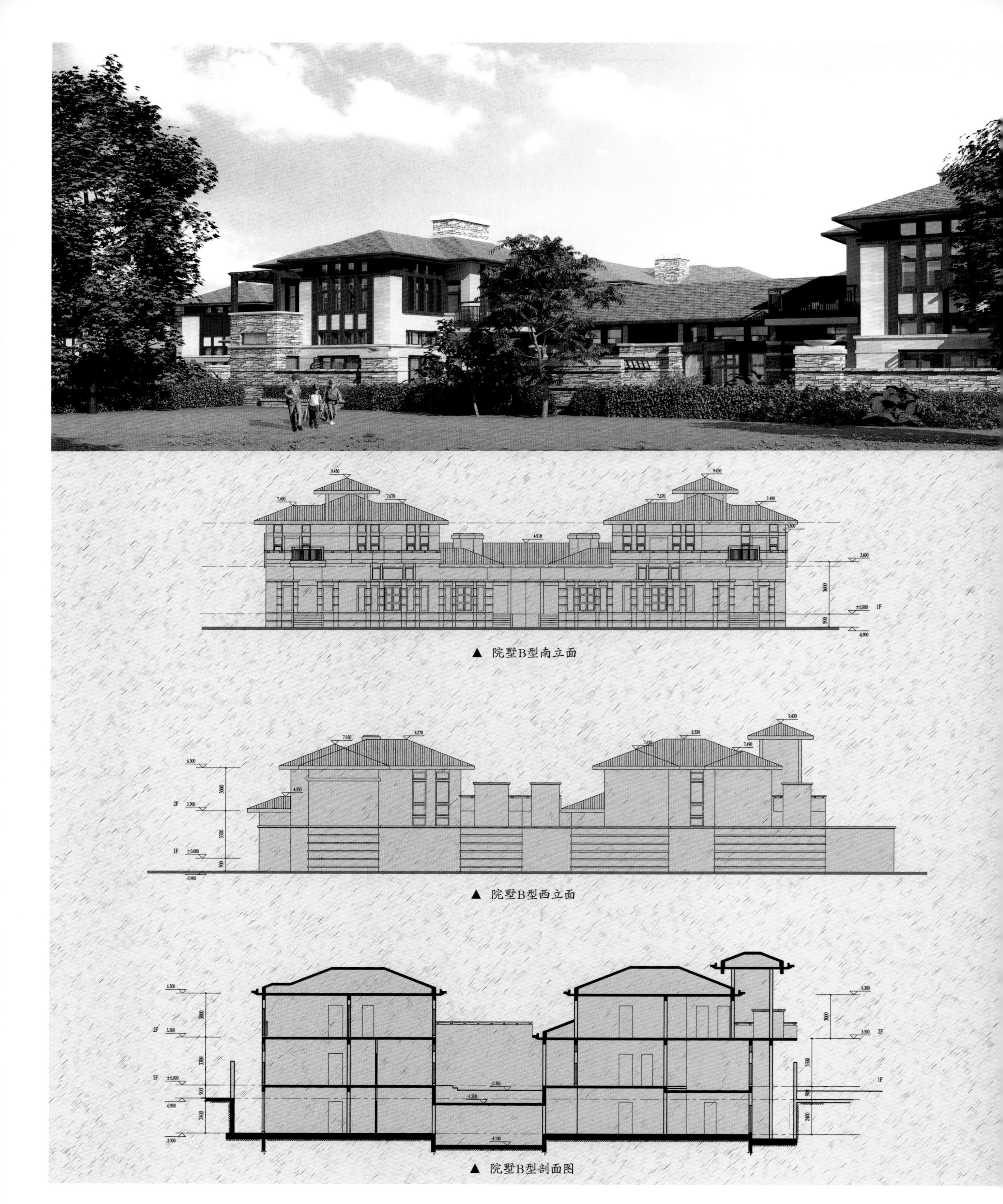

▲ 院墅B型南立面

▲ 院墅B型西立面

▲ 院墅B型剖面图

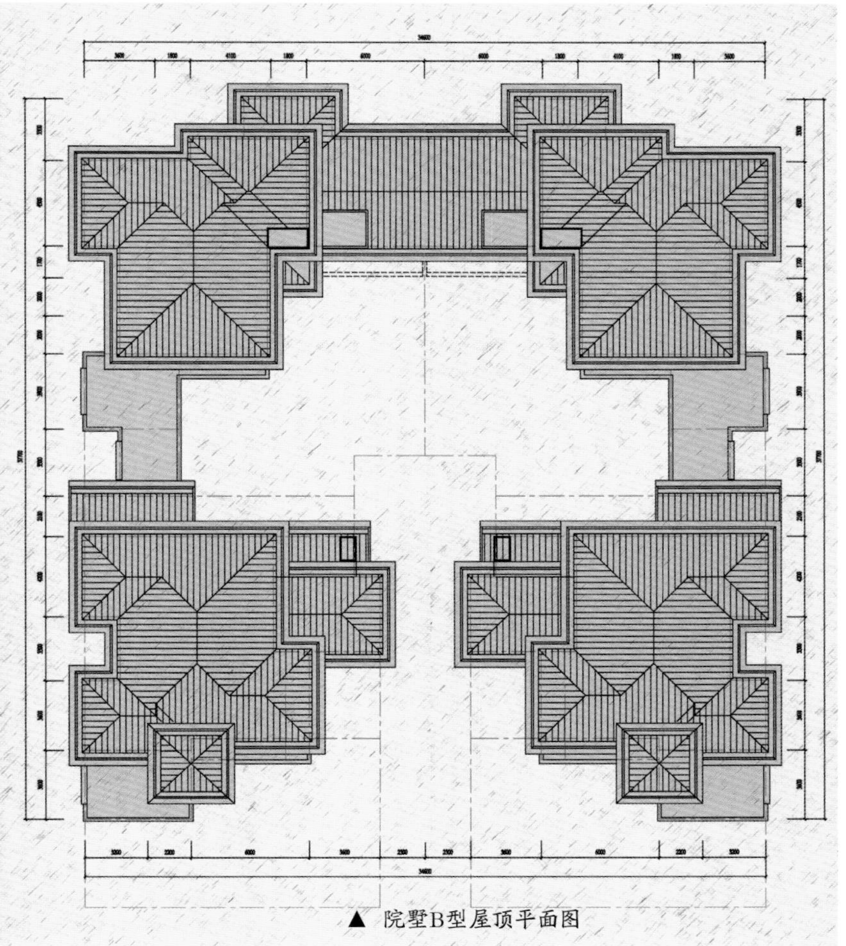

▲ 院墅B型屋顶平面图

赖特草原风情

▶ 杭州保利东湾·别墅

开发商>> 杭州保利房地产开发有限公司
设计单位>> 上海霍普建筑设计事务所有限公司
项目地点>> 浙江省杭州市
占地面积>> 290 000平方米
建筑面积>> 850 000平方米
采编>> 盛随兵

***风格创新：**别墅以赖特经典的“罗比住宅”为原型，融入天然江湾、湿地和别墅区内部溪流、园林。水平的线条、出挑的屋顶，是赖特风格的独特标记，充满着返璞归真的天然气息和艺术魅力。*

一线江湾景观别墅

项目位于杭州下沙东南部钱塘江畔，地块沿江长度约1 000米，社区整体采用了面向东南的“凸”形迎水规划，60°扇形面江，大开大合的整体布局与前低后高的建筑排布，非常好地吸纳利用了江景资源。其中，别墅地坪整体抬高3.6米，二层即可享受江景风光；许多单元都采用了层退式的建筑结构，使住户能从不同的角度欣赏到江景；每一栋建筑中都规划有一个80平方米～100平方米半私密内庭院，并大量使用大面积的落地玻璃窗，营造出类独栋别墅式生活境界。

建筑形态

M型的排屋中间仅用了一个象征性的连廊连在一起，两栋排屋中间各自拥有相当面积的庭院花园；其中的三联院，通过建筑的错落形成270°景观环抱，并形成归属感强烈的私家院落。不仅如此，排屋每户都拥有100平方米～170平方米的地下室，令别墅的赠送面积占销售面积的比例最高达到67.5%。

► 别墅立面图

10.100
7.100
3.800
±0.000
−1.900
−3.000
12000
42900
18
1
10.100
7.100
3.800
±0.000
−1.900
−3.000
12000
42900
1
18

▶ 别墅立面图

水平延展结构

别墅整个外形强调水平延展，出挑的大屋檐、带状水泥横条，细长比例的红砖，呈现出一种沉静的自然品质，使建筑端庄大气。建筑内部因为水平扩延展的结构而获得了良好的采光通风以及连续感增强的空间。借由水平舒缓的建筑形体，从而使整个住区能够自然融入钱江堤岸。

建筑选用的材料大多为石材、木材等自然材料，拒绝人为加工的材料，这样使建筑远观近赏，都像从土地中生长出来一样。

东南亚+中式

将东南亚独特的亚热带自然风情与中国传统文化相结合，是一种带有浓郁异域风情的新中式建筑风格。在建筑设计中以现代中式风格融入东南亚建筑元素，以挑檐较深的大坡屋顶与明快的外观色彩，同时运用简洁的虚实体块对比及一些东南亚风情特有的压顶线脚、窗户手边等细节，塑造出一个具有东南亚风情的现代中式建筑。

关键词：异域风情 中式韵味

东南亚情景院墅

▶ 杭州富阳莱蒙水榭山

开发商>> 莱蒙置业（富阳）有限公司
设计单位>> 深圳市华汇设计有限公司
项目地点>> 杭州富阳北临江滨东大道
占地面积>> 280 000平方米
建筑面积>> 344 600平方米
供稿>> 深圳市华汇设计
采编>> 李忍

风格融合： *项目萃取现代东南亚建筑文化精髓，融合江浙的气候及人文气质，将两者自然巧妙地运用到建筑设计当中。立面以挑檐较深的大坡屋顶、石材及金属墙面，迎合杭州市场对别墅品质的要求，并从东南亚建筑中提取了一些比例构图及元素符号呼应整个项目定位。*

度假居所

项目位处富阳东洲板块，基地南面为富春江，北面与横山山峦隔路相望，东面为农田及杭新景高速公路入口，西面为溪涧及其他建成项目。本案以东南亚情景院墅为载体，依北支江蜿蜒之势顺势而生，规划街居、山居、岛居、谷居、院居五重形态，项目定位为打造具有度假风情特色的高品质居所。

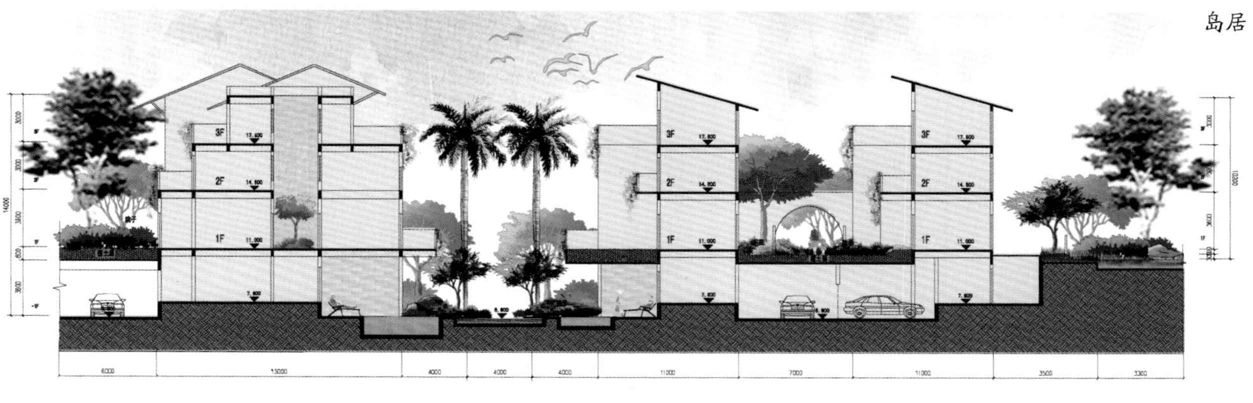

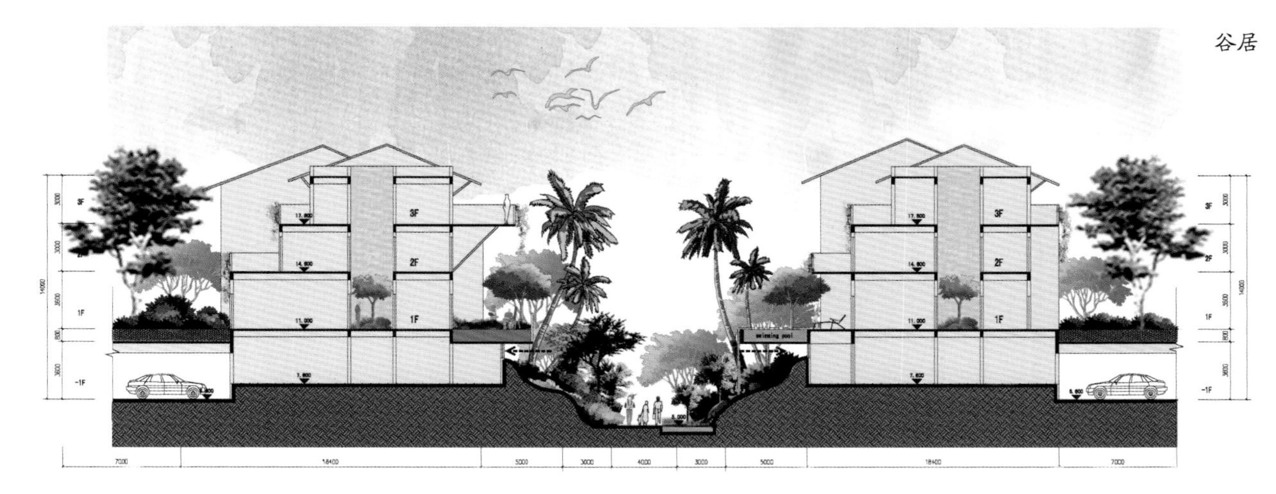

▲ 生活方式研究

东南亚风格融合江浙文脉

建筑立面从东南亚建筑中提取元素符号，以挑檐较深的大坡屋顶与明快的外观色彩，同时结合杭州别墅市场对石材要求，创造出风情感与品质感兼具的别墅风格。

建筑以干挂石材做微妙的收分，形成厚重敦实的建筑体量，通过对立面横向线条的加强，削弱了建筑的体量感，同时用简洁的虚实体块对比及一些东南亚风情特有的压顶线脚、窗户手边等细节，营造出尊贵且舒适的居住氛围。

围合院落

最具特色的"岛居"组团，以源自莫奈"睡莲"的意象，以不同产品围合成一个个院落。院落中形成公共的邻里交往空间，院落与院落之间亦围合成大的景观节点，合院产品具有很强的向心力，增强了邻里之间交往的可能性。同时合院与水景结合，户户临水，景观与私密性俱佳。

NOTES

江浙风土人情

江浙地区属于江南吴越文化圈，是中华文化中的一块瑰宝。江浙民风细腻、温润、灵秀，吴语是江浙地区通用语言。水在江浙人的生活中占据着重要地位，其“上有天堂，下有苏杭”的说法，成为江浙以水为特色的文化和自然景观的真实写照。苏州以其古朴幽静的园林和风月无边的太湖著称，杭州则以仙女般美丽的西湖而闻名。以水为中心，在江浙形成了独特的自然景观和文化景观。

▶ 六合院立面

▶ 六合院剖面

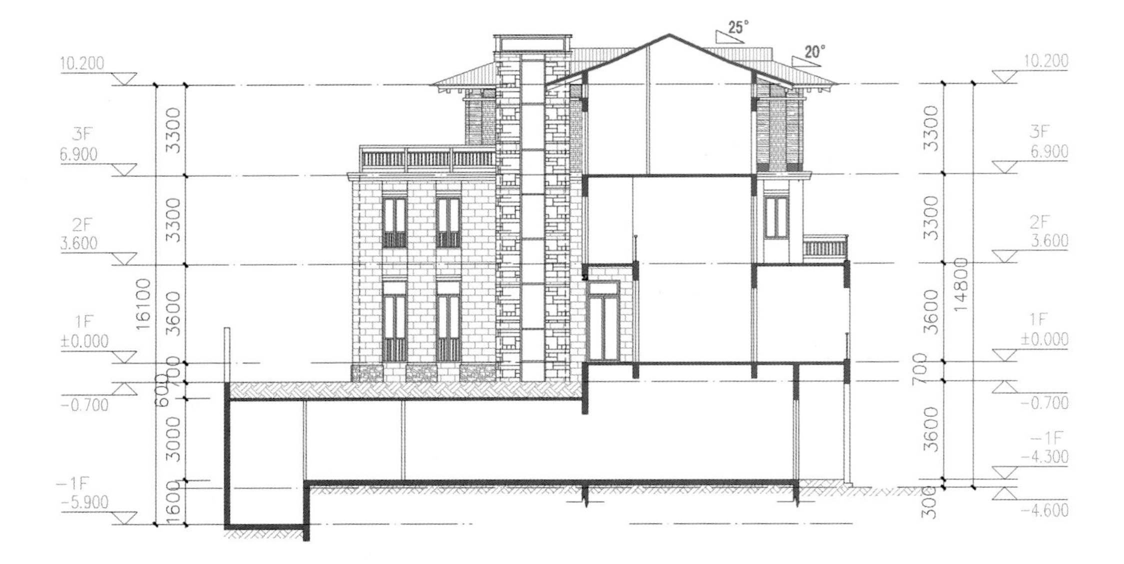

▶ 六合院一层平面图

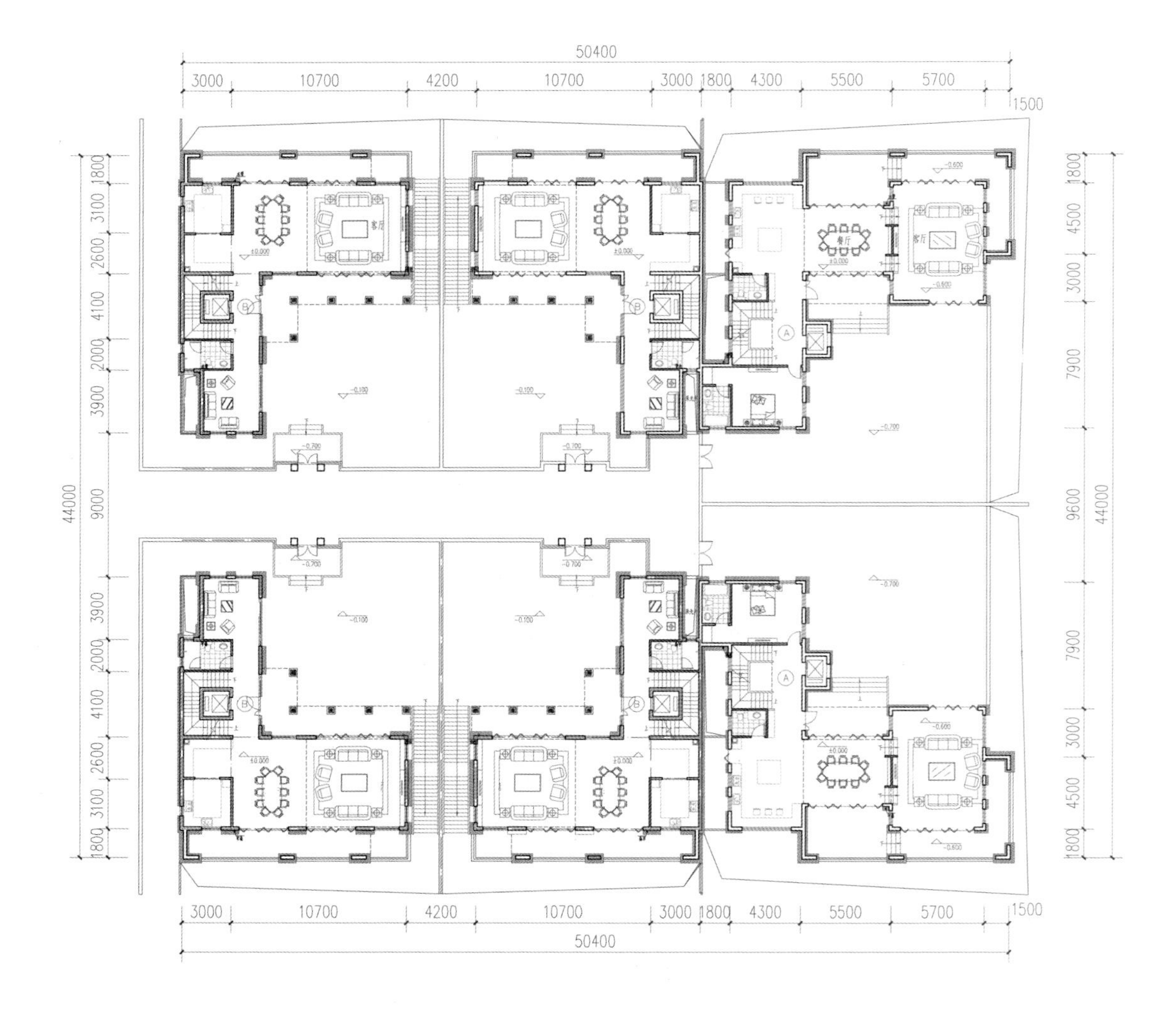

▶ 十合院立面

▶ 十合院剖面

▶ 十合院一层平面图

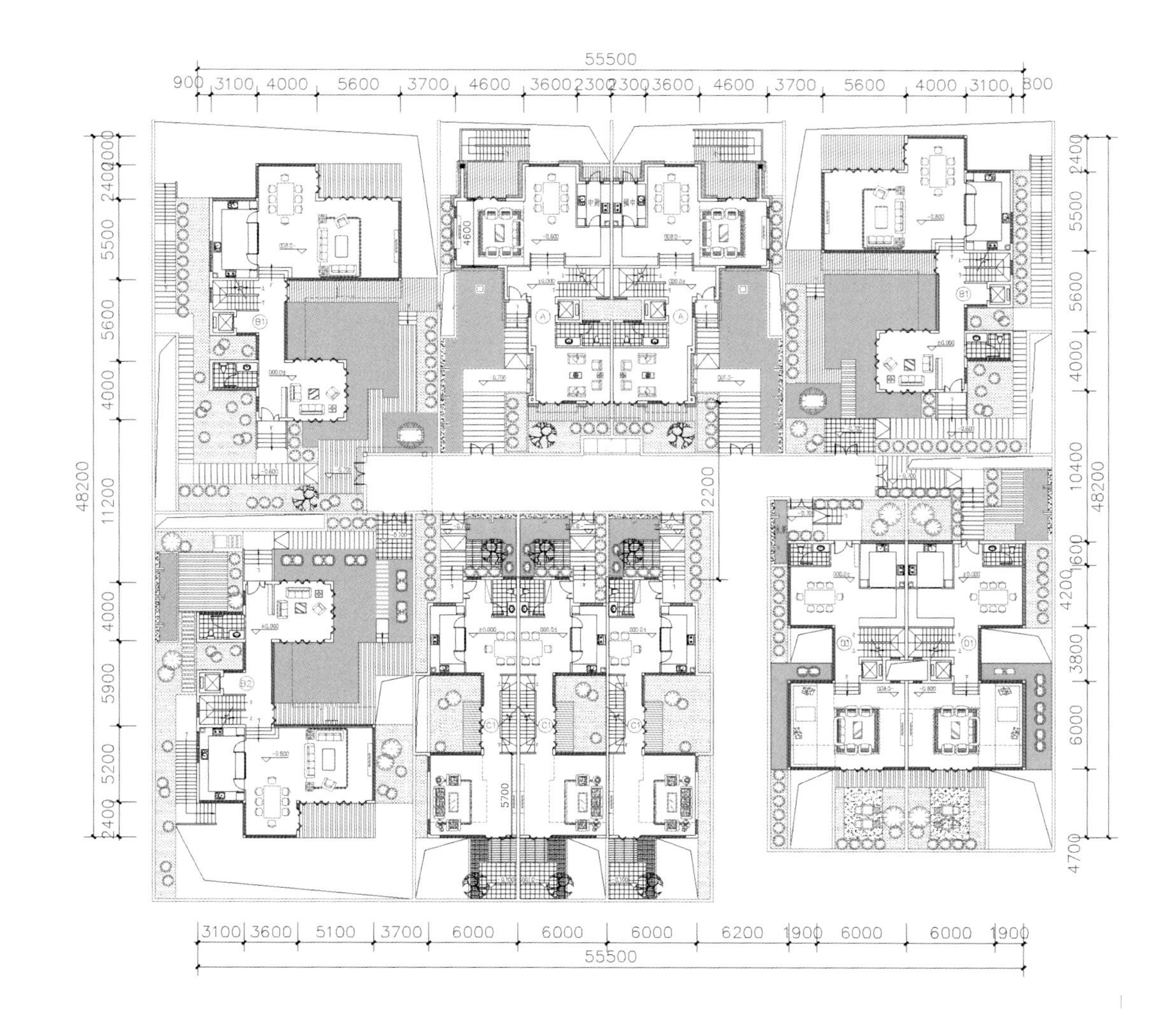

多重私密空间

平面以东南亚休闲风情为主题，讲究借景对景手法，穿插多重的院落空间。餐厅、客厅所形成的室内大空间通过大片的玻璃门窗向私家院落敞开，使院落的景观得到完全的渗透，达到室内外空间的融合。同时着力营造一些侧院及小天井空间绿化景观，使得走道与卫生间等一些次要功能房间亦能感受到"移步换景"的景观效果。而极具私密感的下沉庭院不仅丰富了院落景观层次，也为地下室提供充足的采光通风。

现代+东方风格既拥有中式传统，又不失西方唯美；既承载中国传统院落文化的精神，又具有西方现代建筑的空间开放度与审美意向，以及人性化工艺材质的精雕细作，与当今传统精神的回归潮流不谋而合。

现代东方主义建筑表现出传统的古典雅韵的同时，又体现出后现代主义的简练。建筑格调充满现代东方美学意境，采取形态稳重、色彩素雅、细节精致的富含东方神韵的立面设计，并结合玻璃幕墙、金属百叶、金属穿孔板等能够强化空间的现代建筑元素，使整体造型既具有传统建筑之美感，又融汇现代科技之灵性。

关键词：现代气质 东方神韵

新现代风格 传统院落空间

▶ 上海万科五玠坊

开发商>> 上海万科房地产有限公司
建筑设计>> 芦原弘子
景观设计>> 长谷川浩己、户田知佐
项目地点>> 上海浦东
占地面积>> 102 863平方米
采编>> 盛随兵

风格融合： *项目采取新现代建筑风格，并采用可动陶土百叶立面材料，保持了建筑现代而时尚的设计，同时让传统材料与现代建筑巧妙结合，营造出可变化的外立面。*

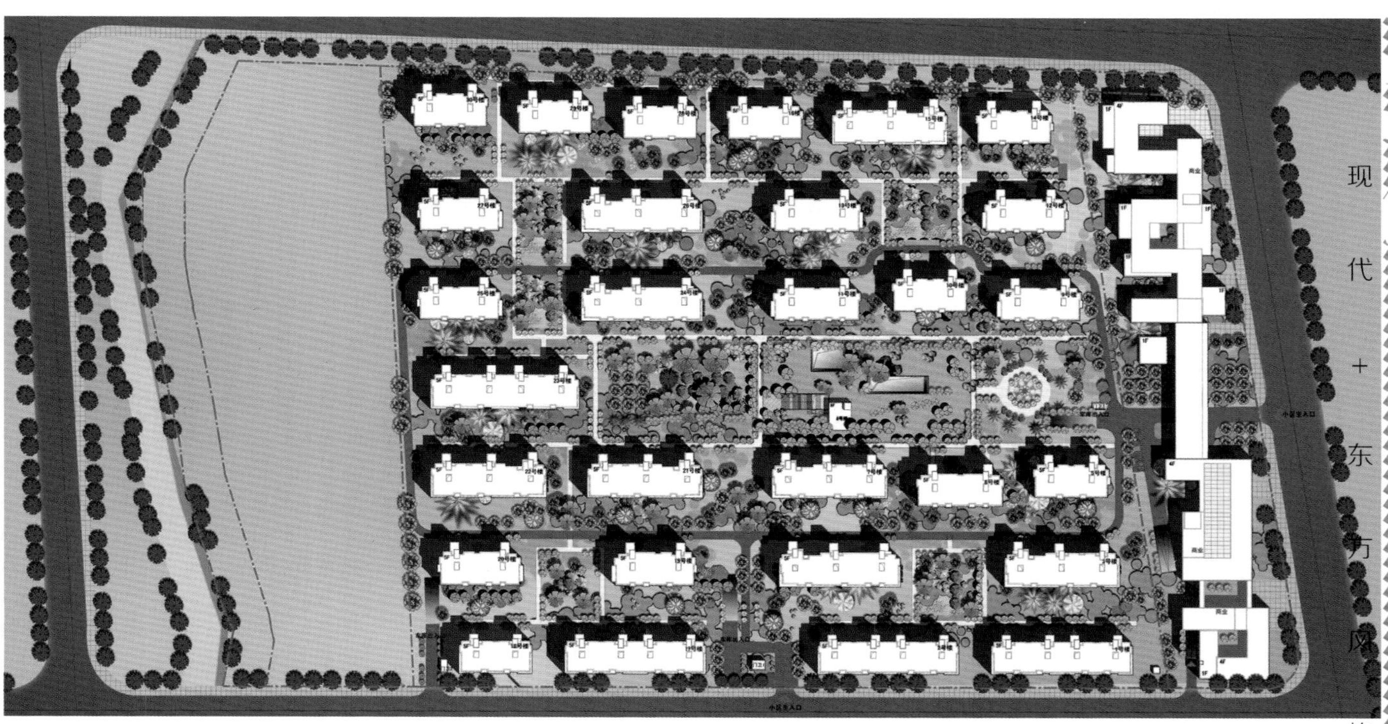

高端平层大宅

本案为万科着力打造的高端住宅项目，由5层建筑群组成，楼栋的南北向间距约20米，中央景观区楼栋间距达到了70米。此外项目配置会馆，内有室内泳池、健身房、家庭活动室等功能空间。

项目规划有365户240平方米～330平方米的精装修大平层产品，结合自然材料和高品质的设备选择，营造出舒适、温馨、愉悦和充满爱的氛围，呈现“贵在生活本真”的精神。

NOTES

陶土百叶

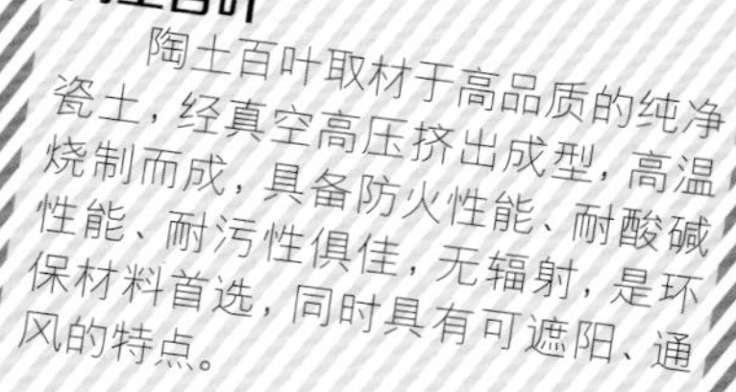

陶土百叶取材于高品质的纯净瓷土，经真空高压挤出成型，高温烧制而成，具备防火性能、耐酸碱性能、耐污性俱佳，无辐射，是环保材料首选，同时具有可遮阳、通风的特点。

自然景观与艺术创造有机结合

景观设计秉承日式景观中主张回归自然、还原自然的设计理念，又融入了美式景观的“艺术”和“大气”的特征，将简洁、明快、开放、新奇的理解纳入其中，以景致的愉悦感受为原点进行艺术提升，形成“回归自然”的全新景观设计，体现出“功能与景观创造的有机结合”及“自然和艺术的有机结合”。

现代建筑与传统材料结合

项目采用高端感的低层建筑群的建筑手法，立面以素色为主基调，呈现出一种新现代风格。

在建筑立面材料的运用上采用可动的陶土百叶，保持了建筑现代而时尚的设计，让传统材料与现代建筑巧妙而完美地结合，部分百叶可以推拉、折叠，扇形窗可180°摇摆，将百叶窗推向两边便可完全隐形，营造可变化的外立面。

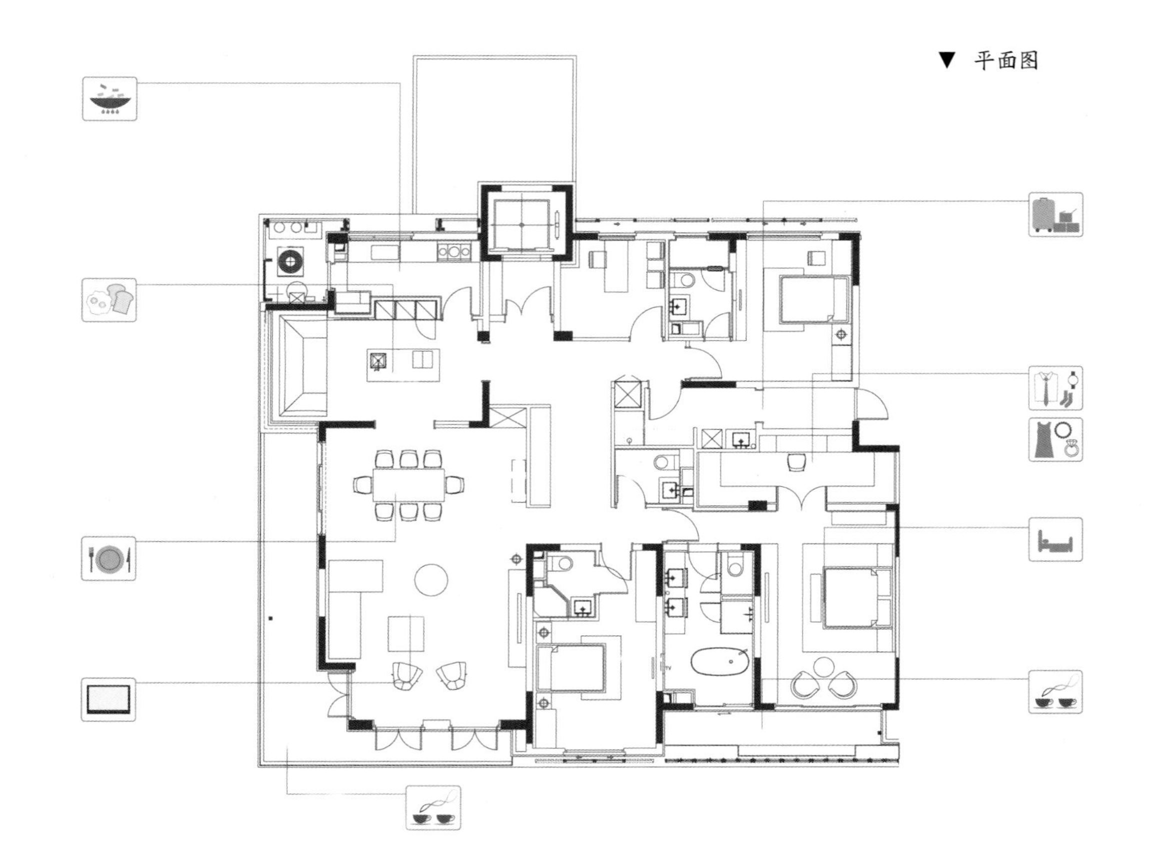
▼ 平面图

东方神韵
现代工艺

▶ 福州万科金域榕郡·别墅

开发商>> 福州市万科房地产有限公司
建筑设计>> 上海日清建筑设计有限公司
景观设计>> 北京创翌高峰园林工程咨询有限责任公司
项目地点>> 福州市晋安区
占地面积>> 160 533平方米
采编>> 盛随兵

风格融合： *项目的别墅建筑设计充分尊重深受儒家文化影响的国人居住心态，采用新东方主义建筑风格，融合传统建筑神韵与现代建筑气质，创造出与现代主义建筑不同的人性化的空间。*

NOTES

新东方主义风格

汇聚东方灵气和西方机巧的“新东方风格”因其兼收东西方的气质精要，将传统生活的审美意境与现代生活方式有机结合而更显魅力。

现代生态人文社区

作为万科地产进驻福州的首个高端住宅，项目秉承“金域系”产品品质，以“历史中创建未来”的开发理念，将原福泰钢铁厂的厂区布局和用地功能进行有机调整，保留厂区内几十年的工业历史印记及原生树木，力求在尊重历史文脉的过程中重构一个具有浓郁地方特色和文化气息的人居空间。

整体规划上，高层产品环绕用地东北西三面，和南面的公园形成大院落，院落中央为多层住宅；入口处及中心区结合原老厂房打造中央景观示范区；户型种类丰富，78平方米～135平方米的原创高层，以优越的空间布局创造超值附送面积。

▼ 洋房A-F轴立面图

▼ 洋房⑤-①轴立面图

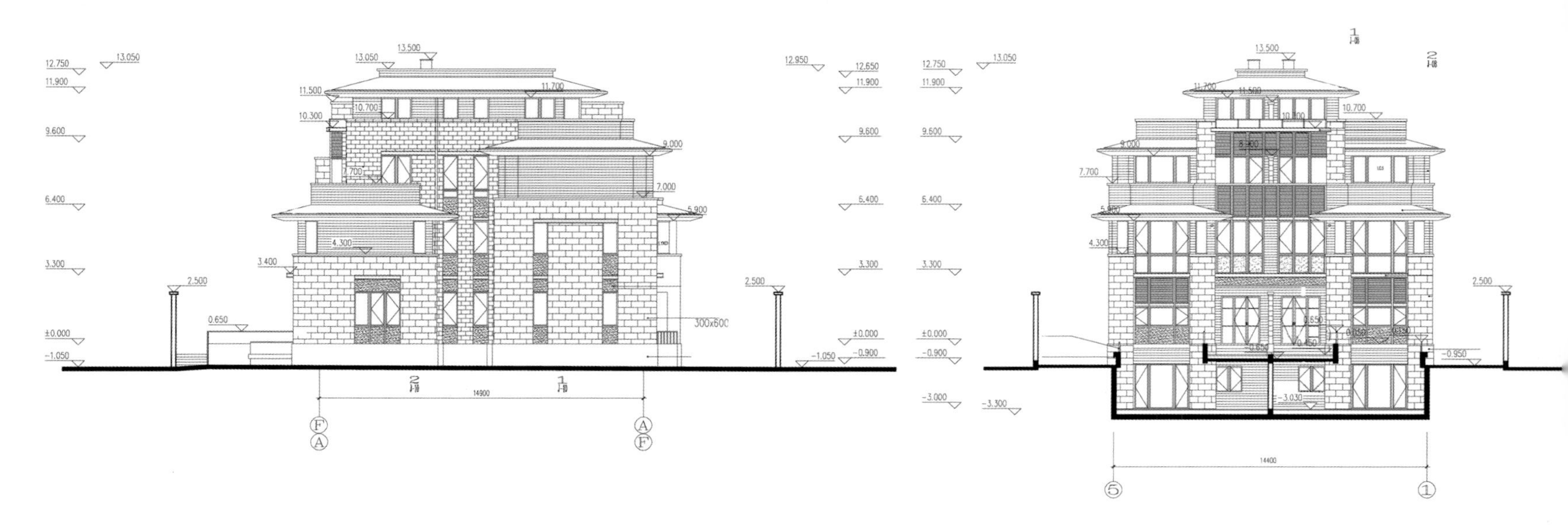

▼ 洋房1-1剖面图

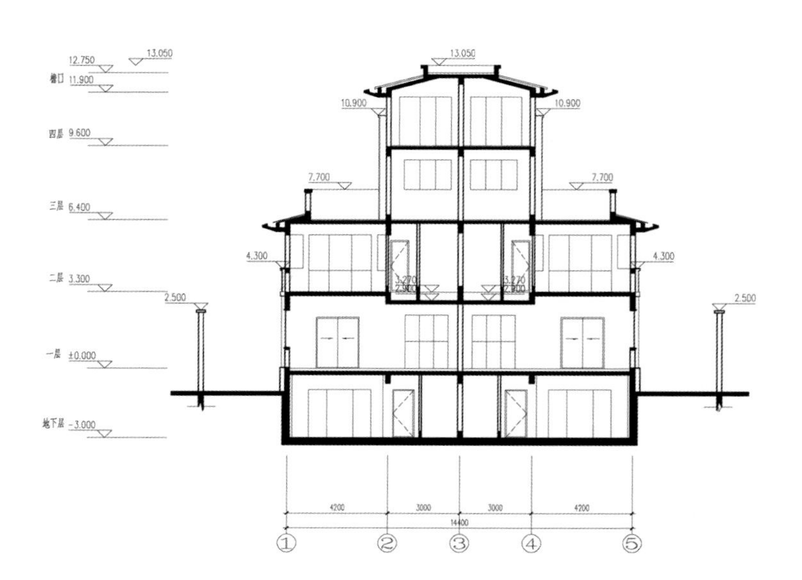

▼ 洋房①-⑤轴立面图

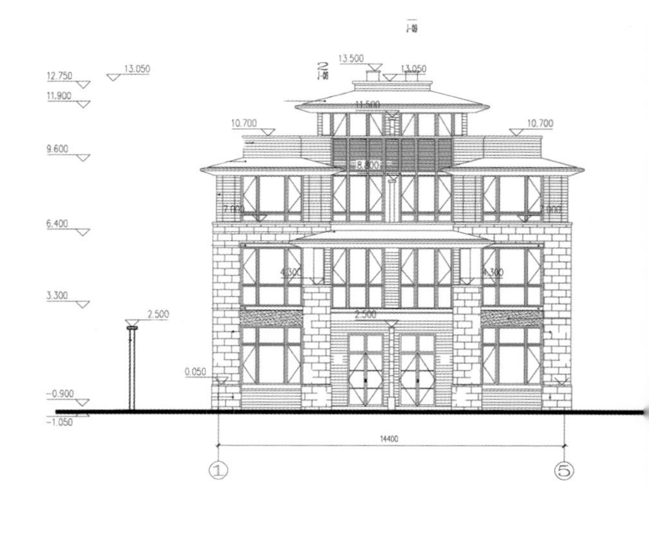

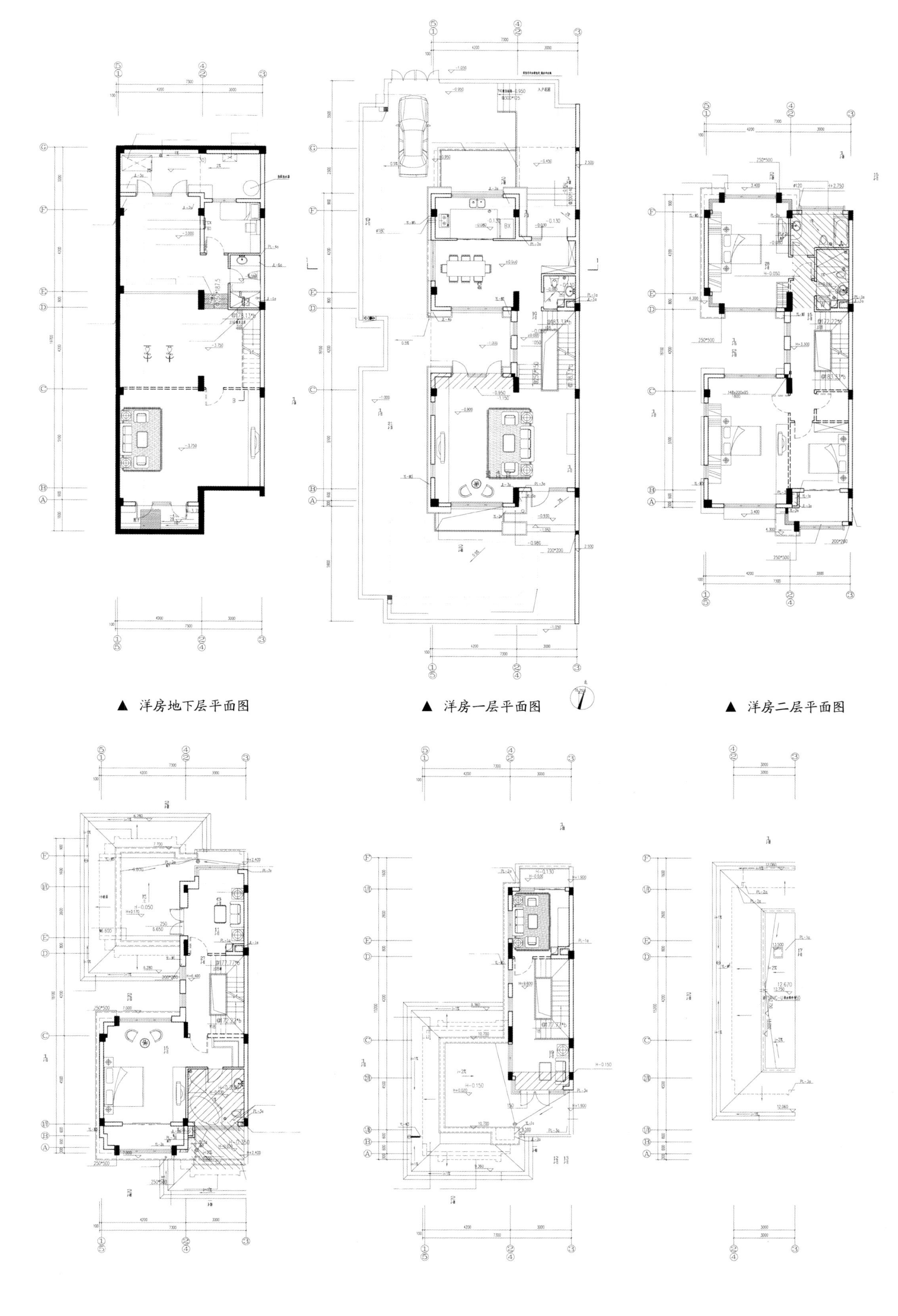

▲ 洋房地下层平面图

▲ 洋房一层平面图

▲ 洋房二层平面图

▲ 洋房三层平面图

▲ 洋房四层平面图

▲ 洋房屋面平面图

新东方主义结合现代工艺

项目别墅建筑采取形态稳重、色彩素雅、细节精致的富含东方神韵的立面设计，充分运用现代的材质及工艺，使整体造型既具有传统建筑之美感，又融汇现代科技之灵性。

在细节设计上注重对原有厂区空间形态的提炼，融入现代建筑技术与文化创意。在原建筑的红色砖墙及建筑桁架上生成，深色木百叶门、铜网、玫瑰钛框屏风、酒架等现代构件有机布局。并结合玻璃幕墙，金属百叶，金属穿孔板等强化空间的现代建筑元素。

新旧景观交叠

项目原址为钢铁厂，基于对原有环境的保留与利用，将原有大厂房作为中心景观，通过移除大厂房的旧顶及侧墙，保留支撑的大柱廊，减轻了对视线的影响。此外，结合厂区内的铁轨，吊车，炼钢锅炉等，既产生了强烈的历史厚重感，又保留厂区空间连续性。

与中心景致相呼应，在连接处设有下沉式广场，该广场用钢铁厂旧时的小红砖铺砌而成，原有大齿轮被改造成喷泉，耐火砖被砌成灯柱。

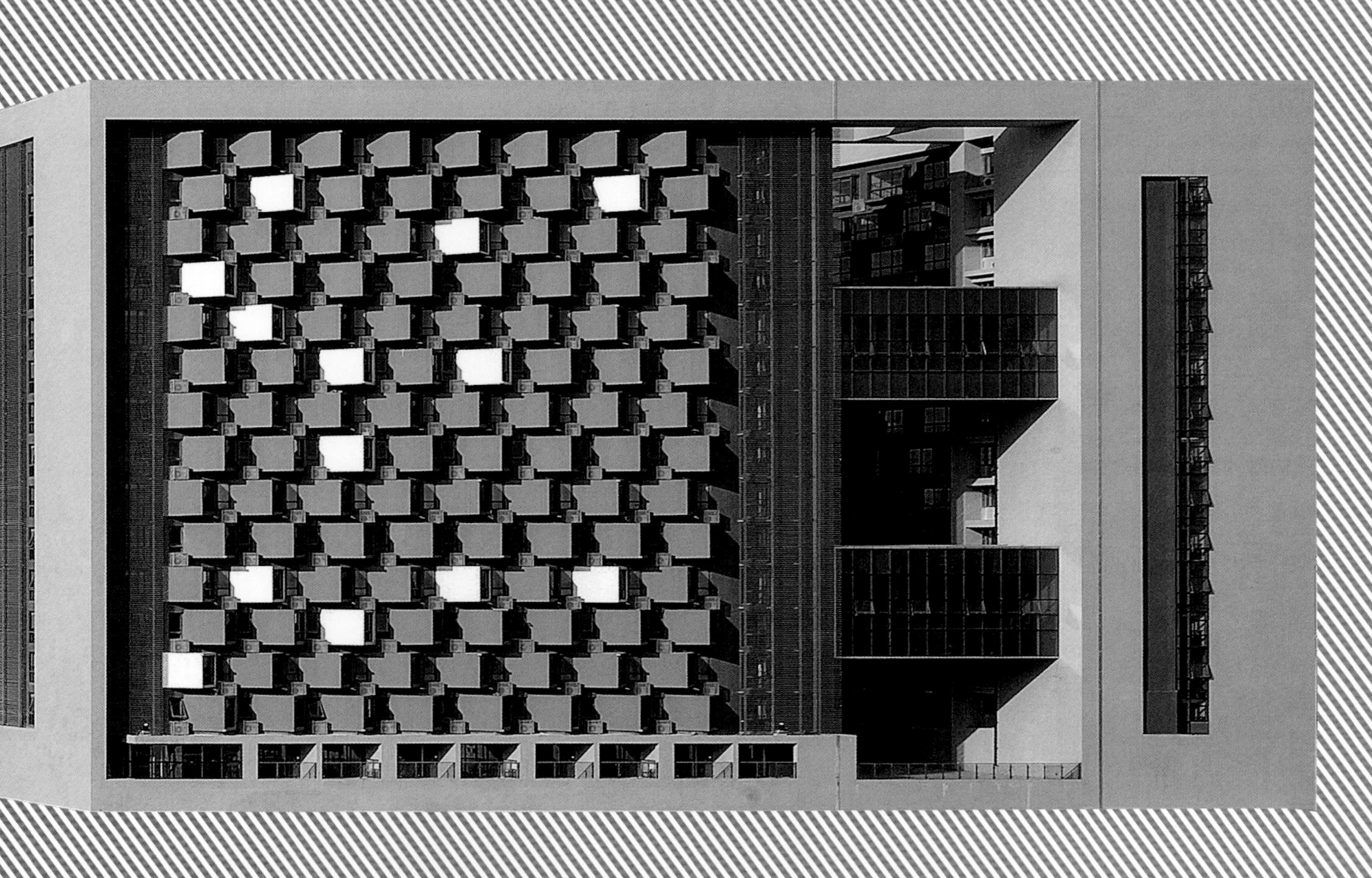

现代+简约是以现代建筑为体，现代简约风格为貌，清新的外观色彩，轻盈明快的建筑色彩，简洁、挺拔的极富韵律感的外立面细部构件，尽显现代都市风采。

现代简约风格通过美观大气的外立面，高低错落的建筑形体，呈现极具现代都市特色的气派与时尚。造型上，线条简约流畅，充满活力和动势；材质上，运用金属百叶、玻璃、红色面砖等现代元素，体现了工业化时代的精致生活。建筑平面开敞、自由，而倾斜的飘窗设计更是凸显了建筑整体的现代感。

关键词：线条简约 都市韵味

炫彩双立面

▶ 重庆龙湖moco中心

开发商>> 重庆龙湖地产发展有限公司
设计单位>> 上海日清建筑设计有限公司
项目地点>> 重庆北部新区
占地面积>> 17 404平方米
建筑面积>> 123 560平方米
供稿>> 上海日清建筑设计有限公司
采编>> 盛随兵

第7届金盘奖
年度最佳商业楼盘
2012

***风格融合：**项目依据重庆的山城特色和城市文脉，将山体、自然、生长等要素融入到主楼设计中。立面采用全镀膜彩色玻璃，以浪漫主义手法营造一种独特的建筑形象，犹如一颗从大地中生长出的多彩宝石。*

▼ 总平面图

NOTES

山城特色

重庆位于长江与嘉陵江交汇处，四面环山，江水回绕，城市傍水依山，层叠而上，既以江城著称，又以山城扬名。重庆有“巴山夜雨”之说，有山水园林之风光，这里的建筑深得山水园林的特色，高低错落在起伏不平的地势之上，和周边的群山辉映，使得重庆的城市天际轮廓线显得异常丰富多彩。

多元化城市综合体

项目位于江北区新区CBD中心，是一个居住、商业的城市综合体。项目利用多层次、大堂、空中会所、避难层功能化及设置空中花园将交流、景观、休闲功能引入高层内部，从而形成立体生活、立体交流、立体景观，打造一个具有本土性、文化性和独特性的标志性场所。

生态概念

以地景手法塑造底层商业，拓扑式坡屋顶由室外地坪标高曲折而上，引导人流和视线，屋顶通过绿化及休闲平台的设置，真正实现“生态”。从概念到形式再到使用三者的高度融合；在高层居住部分，通过在阳台位置设置玻璃百叶及开放式彩色覆膜玻璃幕墙，有效减弱夏季光线入射，同时保证室内外通风效果，在室内环境和室外环境之间形成有效的“缓冲带”，改善居住质量。

美克美家
Markor Furnishings

万宝欧美石材

现代建筑体现本土文脉

项目巧妙融合了重庆山城特色，提出大地褶皱的概念，将大地的肌理融入设计中，使山地特征更趋强化，并以此为基础，将屋顶花园、城市广场、商业街区结合成一个多层次的空间特征，打造一个富有时代感又不失本土文化特色的建筑。

建筑采用炫彩双立面设计，形成“多彩宝石”效果，简洁时尚，呈现出一幕都会的建筑风情。

▼ 板式户型特点1

板式楼户型
由三个自然层组成一个标准单元，由中间层入户，形成两个上复式和两个下复式户型，将这样的单元进行组织，犹如细胞衍生一般，形成板式楼。

A型套内面积：49.79 m²
B型套内面积：54.87 m²
C型套内面积：49.79 m²
D型套内面积：54.87 m²

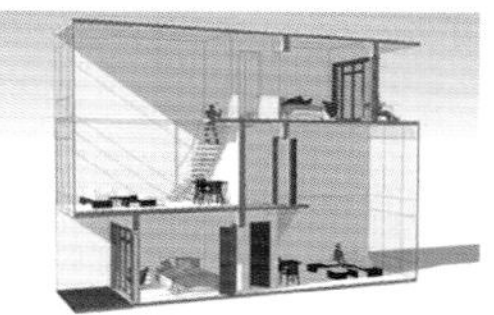
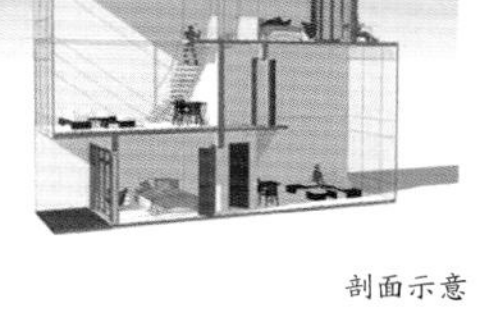

剖面示意

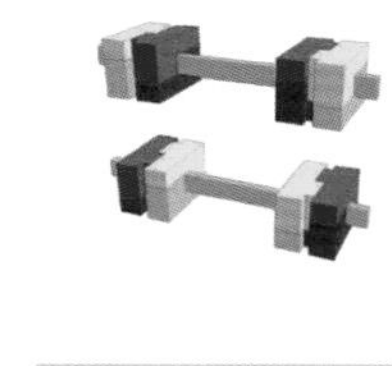

单体分解

单体分解

单体重组

单体衍生

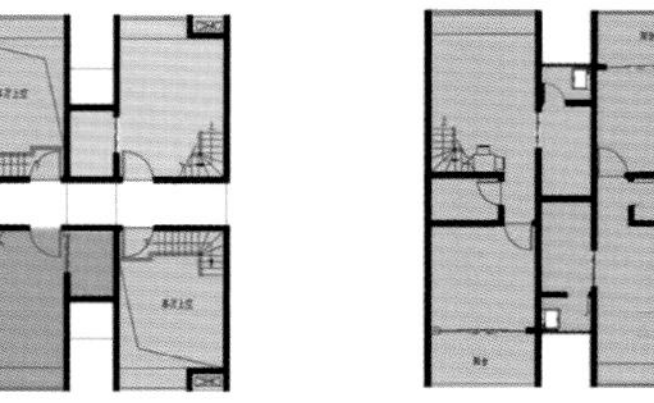
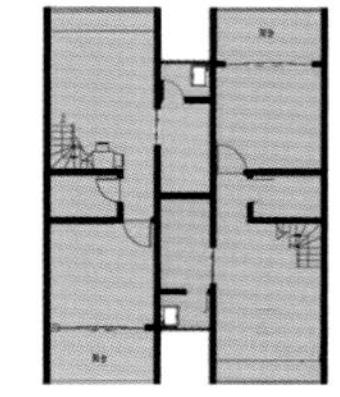

上层平面　　中间层平面　　下层平面

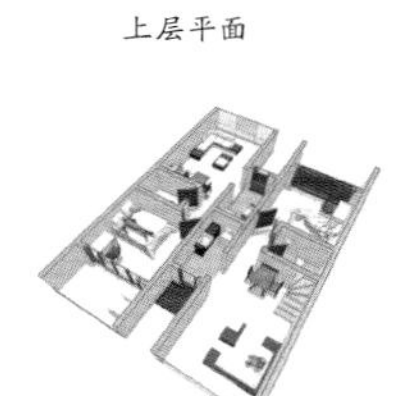
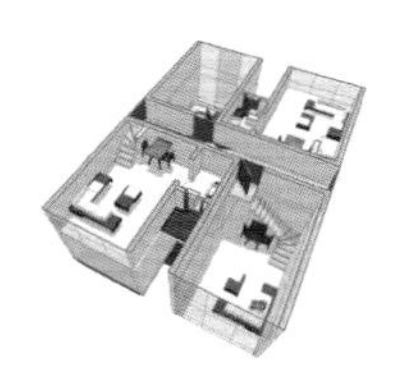
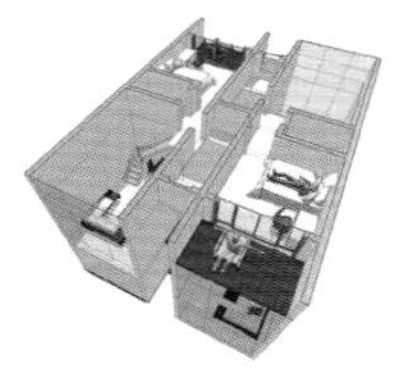

轴测示意

▼ 板式户型特点2

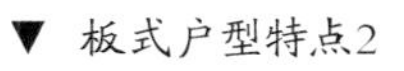

1厨房直接对外采光
2 南门通风
3客厅为两层通高，小户型享受豪华生活品质，日后，也可能成为增值空间。

空中花园

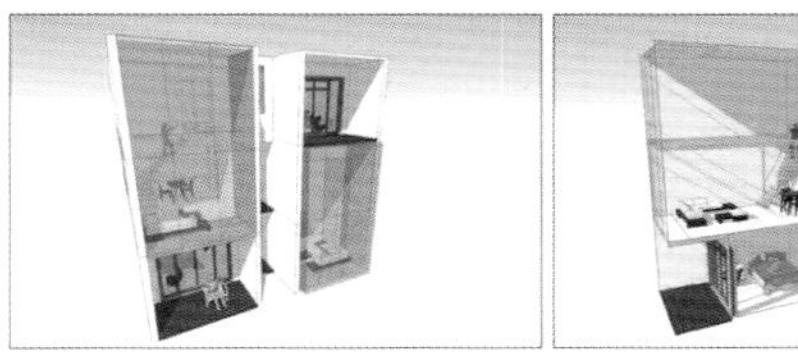

两层通高

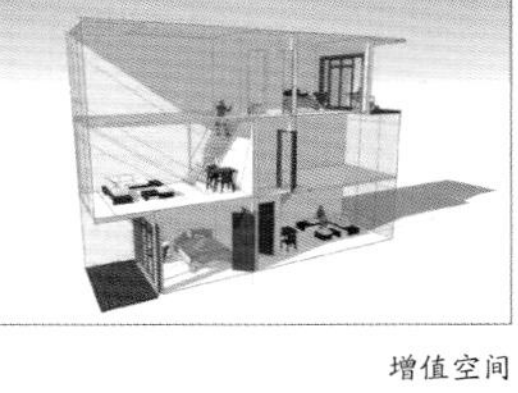

增值空间

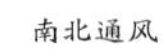

南北通风　　明厨

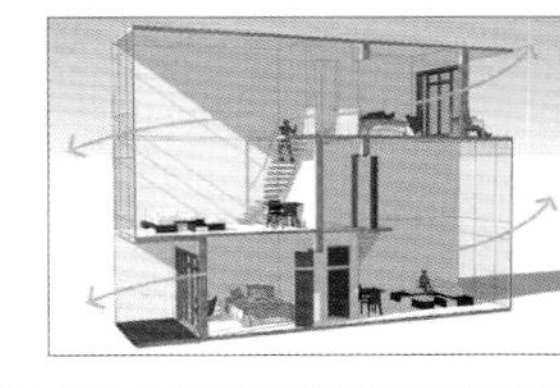
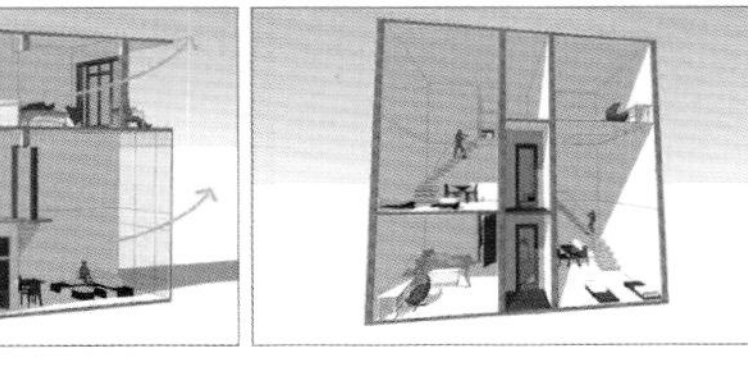

立面时尚 造型简约

▶ 宁波人才公寓

开发商>> 宁波市鄞州区城市建设投资发展有限公司
设计单位>> DC国际
项目地点>> 宁波市鄞州区
占地面积>> 33 375平方米
建筑面积>> 107 800平方米
供稿>> DC国际建筑设计事务所
采编>> 盛随兵

***风格创新：**项目坚持以人为本的人性化设计，采用现代简洁的建筑风格，在造型上，线条简约流畅，强调功能性设计；在材质上，现代感极强，体现了工业化时代的精致生活。*

► 总平面图

新型人才公寓

项目位于宁波鄞州区高教园区，北为教师公寓，东临学府路，南临前塘河。项目需要提供1 000户小型单身公寓，供高教园区各企业引入人才使用。从文化背景到人群环境，该地段整体氛围与项目定位吻合。咖啡厅、茶座、快餐店、小型超市、健身场所和放映厅等生活娱乐配备设施一应俱全。这些配套设施支撑着一种新的生活模式，项目是集居住、生活、交流、休憩、运动等功能于一体的综合体。

▼ 1号楼立面-1

▼ 1号楼立面-2

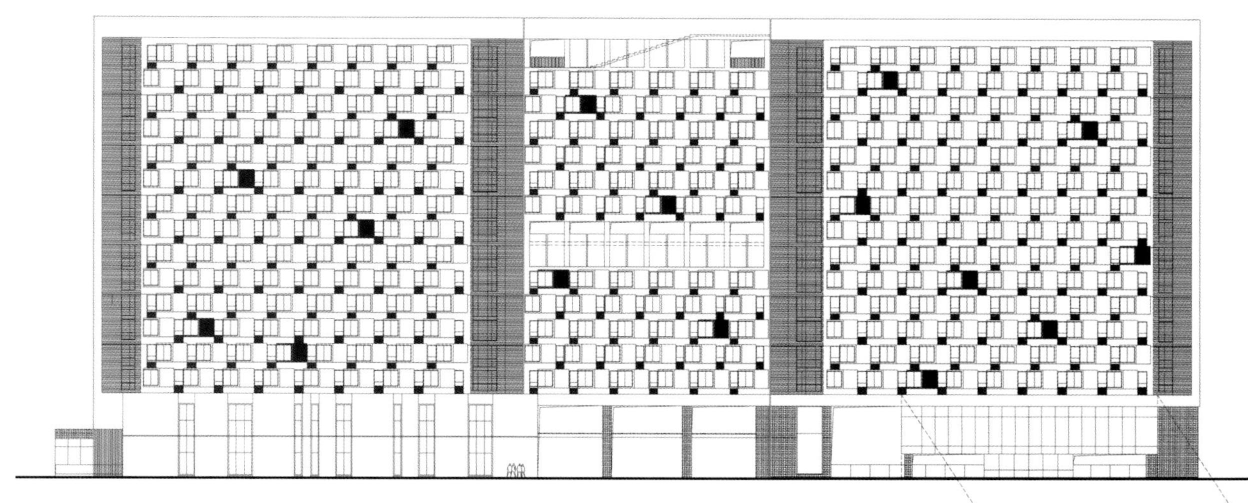

▼ 1号楼剖面

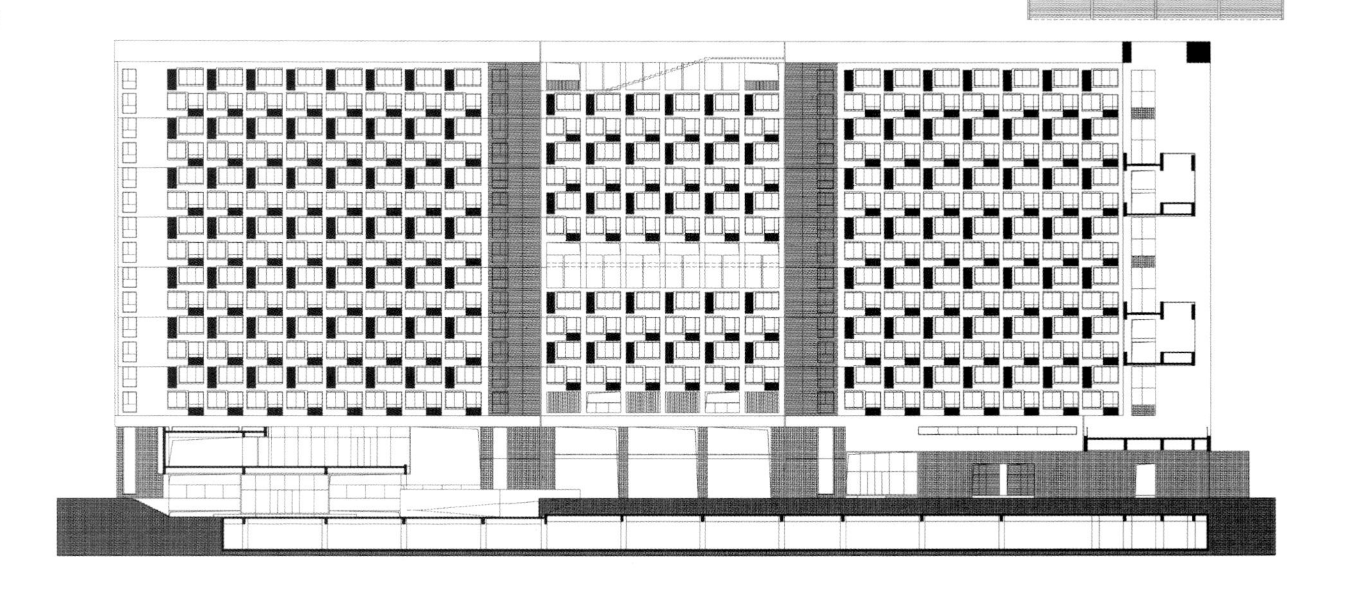

微型城市结构

建筑本身就像一个小型微缩的城市，有“街道”、“广场”和独立的建筑单元。公寓共提供3个层次的公共交往空间：最小的是可供6至10位居民活动的走廊开敞平台；然后是紧邻核心筒的公共大起居室，可容纳约两层的居民活动；第3个层次是设在楼层之间的半室外公共活动空间，可容纳约5个楼层的居民活动。这一策略形成了一种边界不确定的流动的空间形态。楼层与楼层之间产生了一些连续而不规则的室内外空间，就像城市中内涵丰富的街道。在方案设计中，楼层不是传统意义上的一条连续水平线，而是断断续续的，层与层之间的边界是模糊的，不断被打断、切割、插入、串接，形成一个富有城市意味的内部环境。

▼ 1号楼剖面

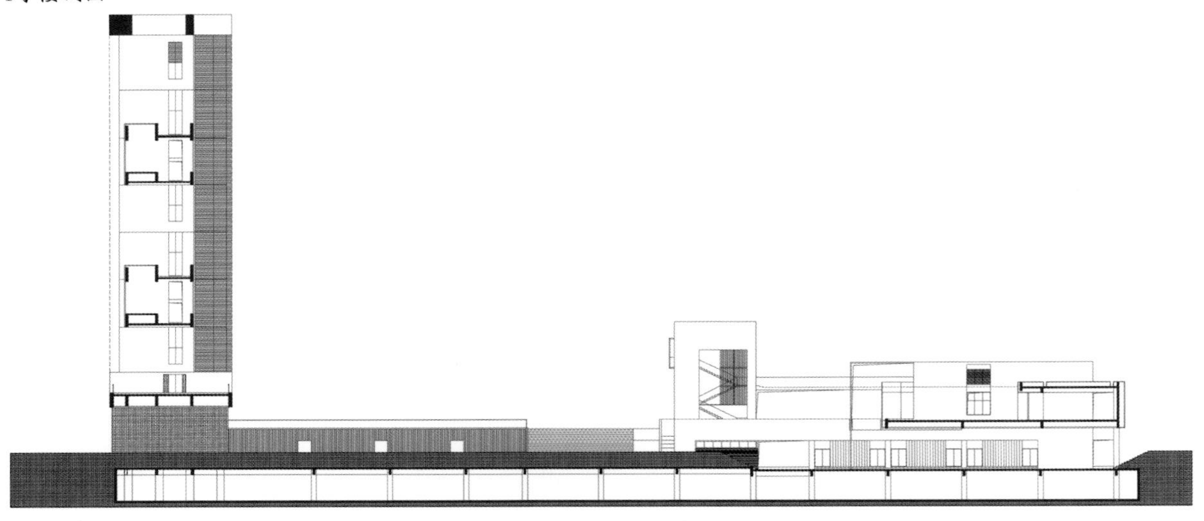

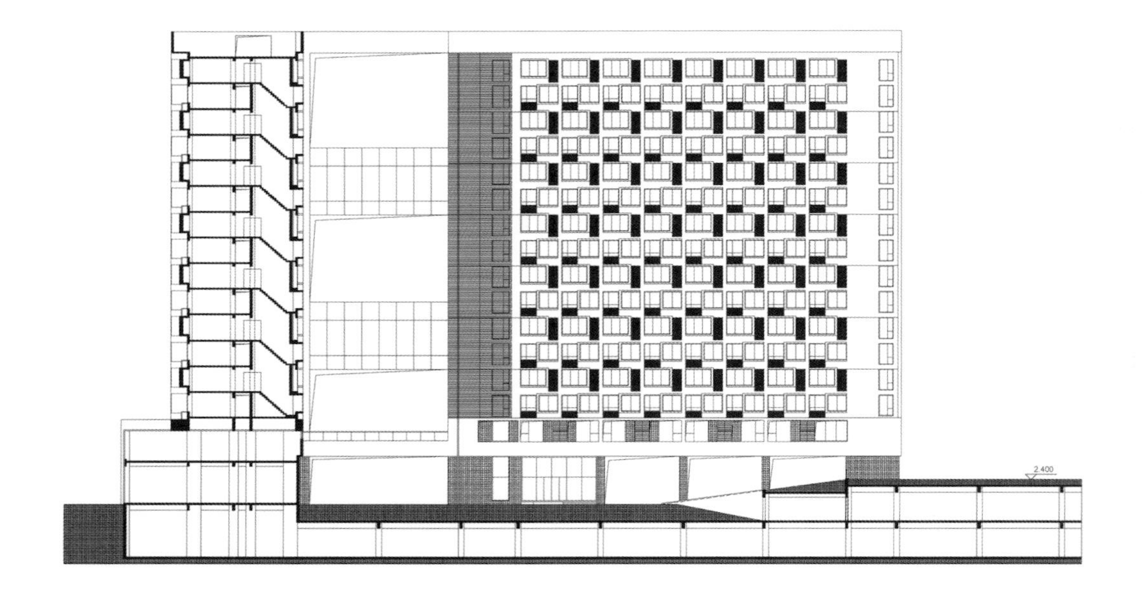

现代个性风格

现代、简约、充满动感的风格，与当前宁波市场截然不同的建筑理念，时尚科技的外立面，高低错落的建筑形体，无不显示它与众不同的鲜明个性。

建筑整体上平面开敞、自由，剖面空间丰富，不仅满足了住户基本的居住需求，还为住户提供了各种自由交往的空间。倾斜的飘窗设计凸显了建筑整体的现代感。

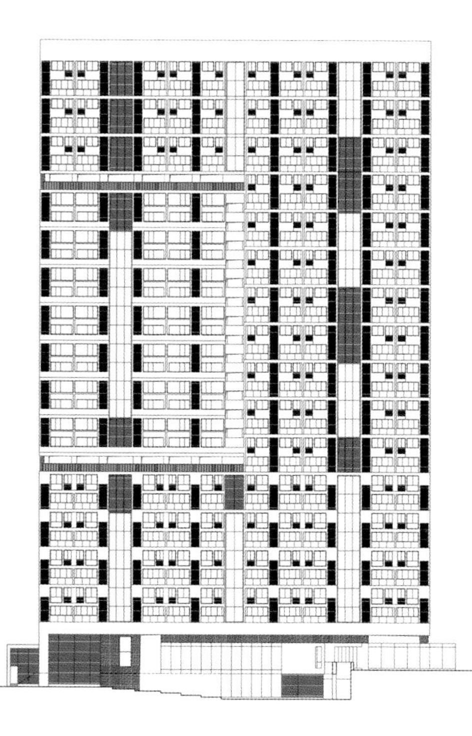

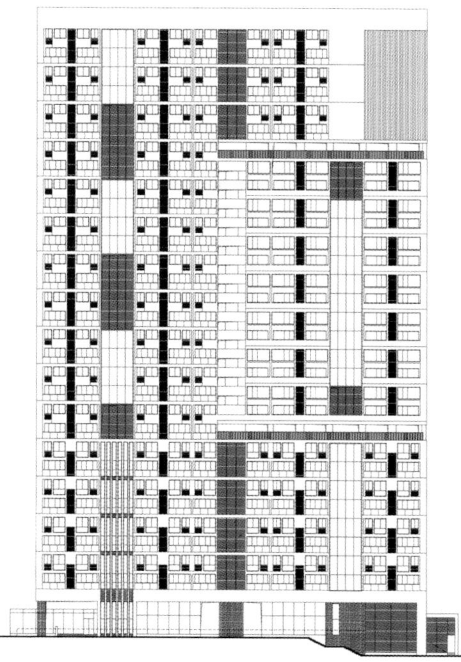

▲ 2号楼立面

多样空间

户型设计具有两条原则：一是每户都能拥有南北朝向，实现自然通风；二是每户都有楼上楼下，并且每户都有独立的起居室。由于户型定位为70平方米左右的两房和45平方米左右的一房，原则的制定给设计带来了很大难度，但在面积非常有限的情况下产生了多样的空间类型，使建筑成为一种包容生活的容器。

NOTES

住宅公建化

项目在沿学府路一侧设置一个巨大的16层建筑综合体，而两栋31层建筑退后成为城市活动的背景。在综合体中设置一系列居住及城市服务设施，辐射整个周边区域。这种将住区私有区域向外"翻折"并包裹本社区空间的做法，在为城市做出贡献的同时也给住区注入了新的活力。

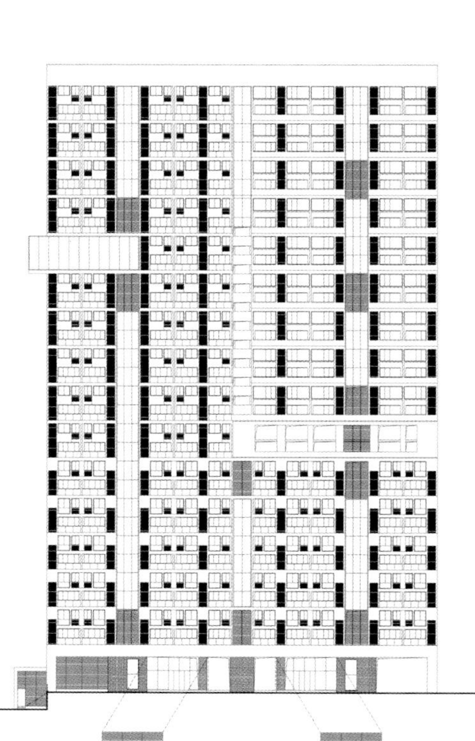

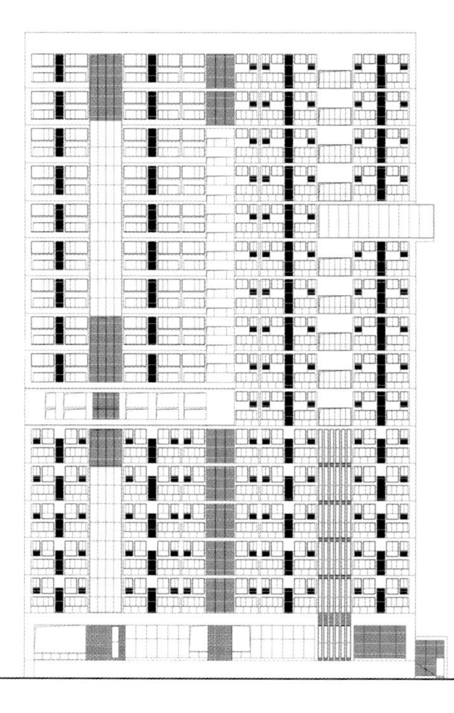

▲ 3号楼立面

创新时尚风情社区

▶ 珠海中信红树湾

开发商>> 中信地产珠海投资有限公司
建筑设计>> 澳大利亚柏涛（墨尔本）建筑设计亚洲公司
景观设计>> 深圳市柏涛环境艺术设计有限公司
施工图设计>> 深圳市朝立四方建筑设计事务所、中信建筑设计研究总院有限公司
项目地点>> 珠海市香洲区前山河西岸
占地面积>> 27.22万平方米
建筑面积>> 83.39万平方米
采编>> 李忍

***风格创新：**项目采用现代建筑形式，建筑造型从环境形态入手，充分挖掘自然环境提供的造型元素，通过采集周边山水的意向，提炼出建筑表现语言，从而运用到建筑造型设计中。*

▼ 总平面图

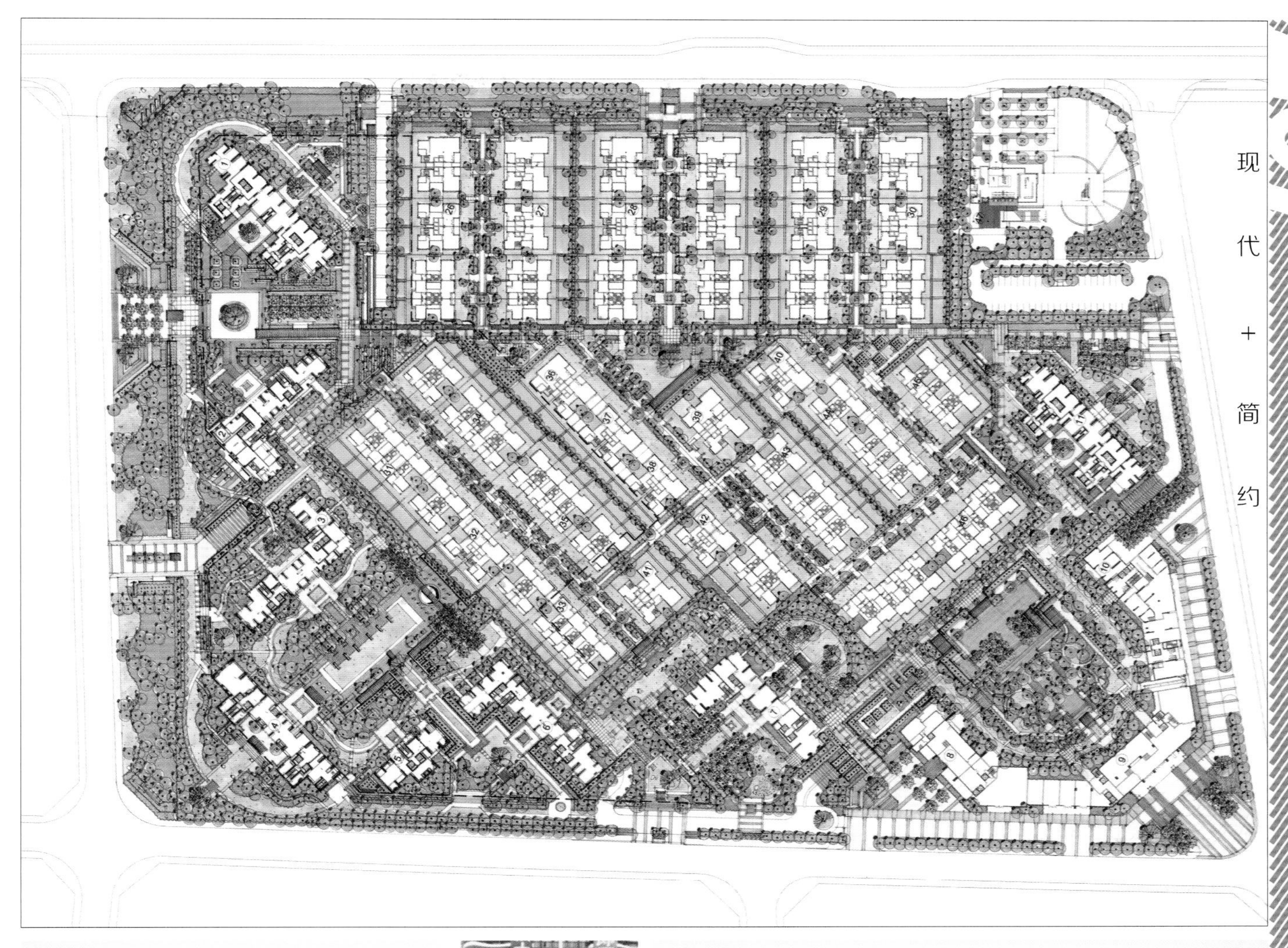

多样化景观社区

项目位于珠海南湾新城东部，东临前山河，西望将军山，北接回归公园，南眺澳门特区，具有丰富的自然景观与人文景观优势。社区共设置4栋超高层住宅，14栋高层住宅，6栋高层公寓，250套低密度住宅，以及配套商业、会所和地下车库。

在社区内部，高层住宅区围合成大尺度庭园，而低层住宅区域密集排布，形成宜人尺度的生活空间。由低渐高、由小渐大的空间序列，层层过渡、逐步渗透，构成了多样化的空间形态。

▼ 7#住宅西南立面图

▼ 7#住宅西北立面图

▼ 7#住宅东南立面图

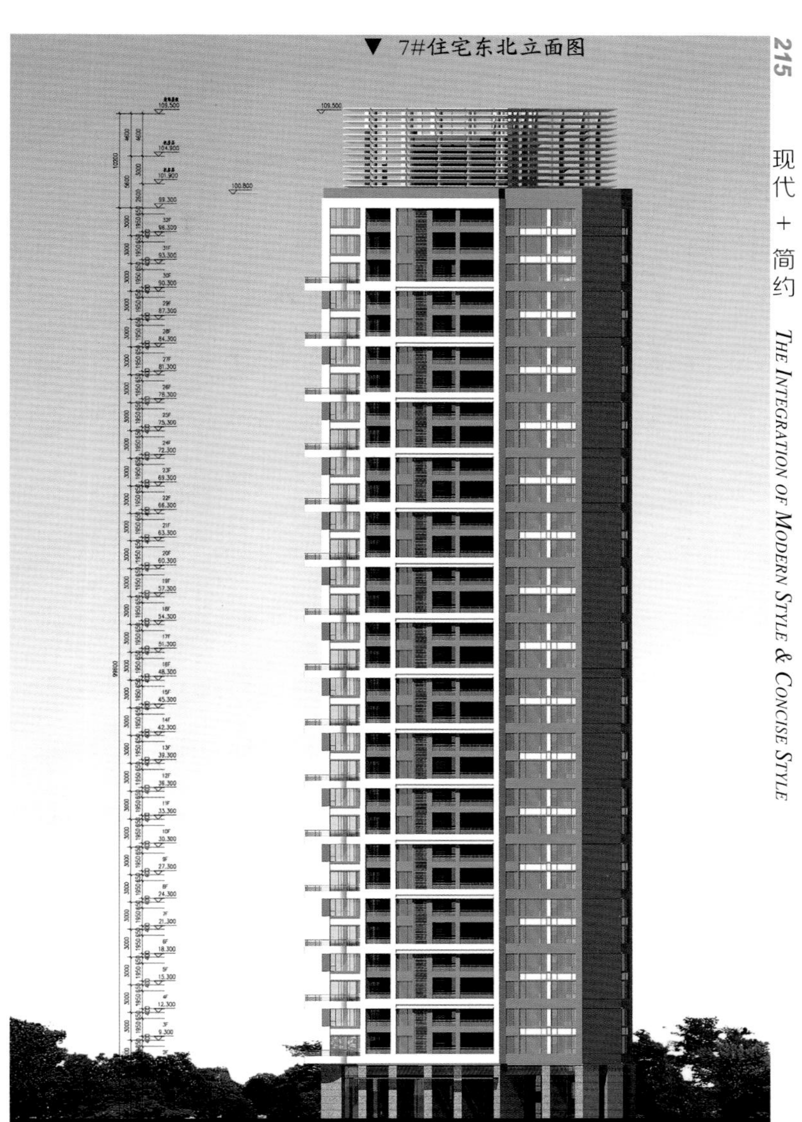
▼ 7#住宅东北立面图

现代风格结合创新造型元素

整体设计采用现代建筑形式，强调体量对比和虚实对比，辅以线条、色彩、材质、肌理的对比和变化，实现丰富饱满的立面效果。

高层建筑色彩从周边景观资源中提炼为黑、白、灰三色元素，分别对应到建筑主体、构架、阳台和底层框架中。白色线条穿插于大尺度的黑色体量中，形成鲜明的视觉效果。建筑顶部的一组白色百叶，更强化了建筑体型的动感效果。

超高层建筑体型更加洗练，通过波浪形曲线阳台增加了造型变化，经过简单的重复叠加，构成了强烈的视觉冲击力，表现出简约而又不失优雅的视觉魅力。

低层建筑立面设计中采用暖色系建筑材料，包括土红色陶板、浅灰色仿古面花岗岩、深灰色铝合金型材、古铜色铜板与仿木质铝合金百叶等多种材质，通过精心的组织和构造，组合成适宜人居生活的建筑空间。

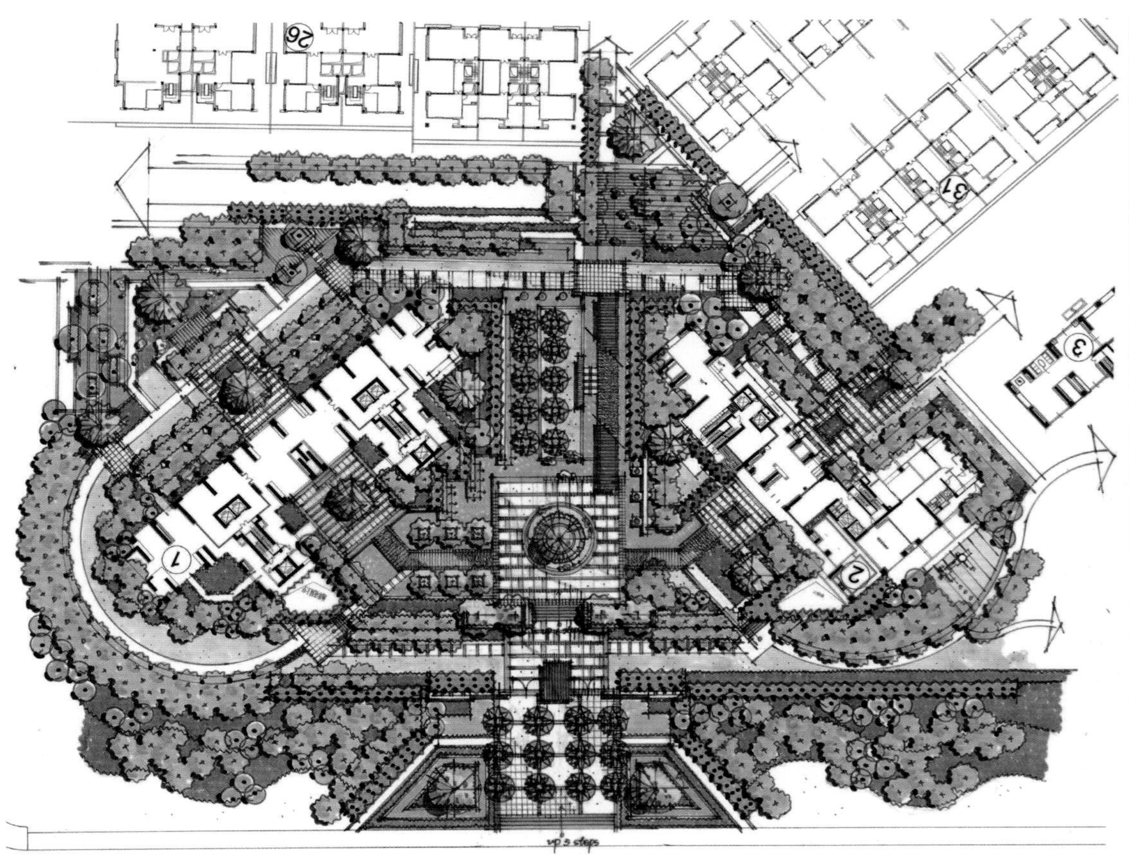

多重主题水景

园林设计围绕“水”这一主题进行，将水的肌理延伸到住宅内部，与城市、河流完美结合。同时，针对不同的产品形态特征，设计师为组团量身定制景观主题，高层组团园林“花园尊享怡励人生”，Townhouse园林“院落私享静养人生”。

NOTES

陶土板

陶土板，又称之陶板，是以天然陶土为主要原料，不添加任何其它成分，经过高压挤出成型，低温干燥并经过1200℃～1250℃的高温烧制而成，具有绿色环保、无辐射、色泽温和、不会带来光污染等特点。

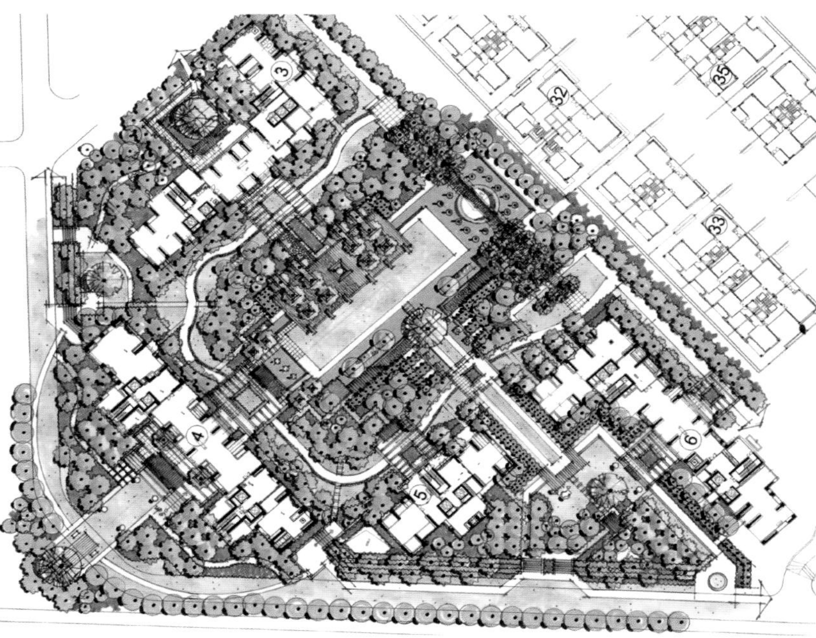
3
35
32
33
4
6
5

RECEPTION

“四明、大面宽”户型

项目在户型设计上采用大面宽设计，尽可能的保证主要居住空间具有最佳朝向；南北通透，并做到明厅、明厨、明室、明卫的“四明”设计；双流线设计，主人与服务流线清晰分隔；入户和内庭院花园的设置，扩大与自然的接触，尽享阳光及美丽河景；室内交通组织紧凑、舒适，简化行走路线。

简洁造型 现代元素

▶ 宁波银亿·上上城

开发商>> 宁波银亿房地产开发有限公司
设计单位>> 北京市建筑设计研究院、刘晓钟工作室
项目地点>> 宁波市鄞州区
占地面积>> 119 200平方米
建筑面积>> 218 154平方米
供稿>> 北京市建筑设计研究院、刘晓钟工作室
采编>> 张培华

风格创新： *项目主张现代简约风格，整体建筑运用金属百叶、玻璃、红色面砖等现代元素，形成材质对比，建筑造型设计现代、简洁、明快，充满活力和动势。*

► 总平面图

► 户型分布及编号图
日照分析图

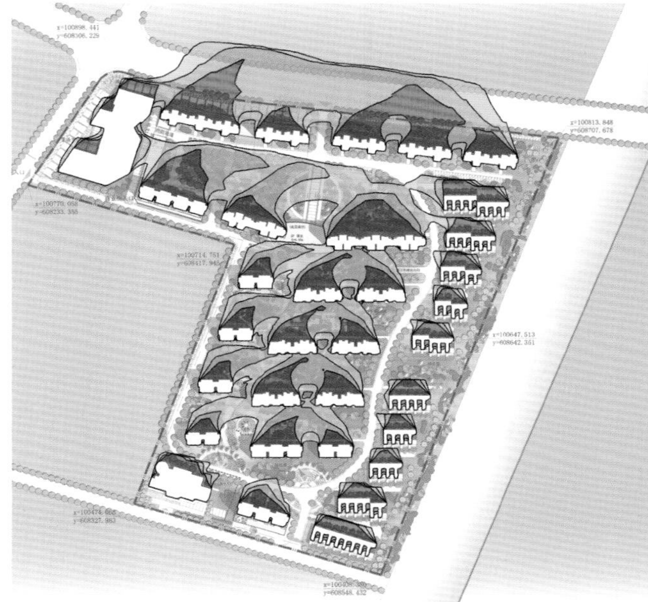

联排（3）层　幼儿园
小高层（11）层　菜市场
高层（18）层　编号

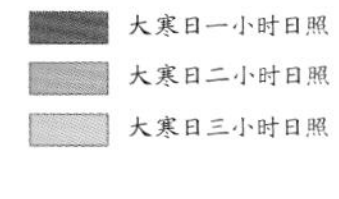

► 景观分析图
地下车库平面图

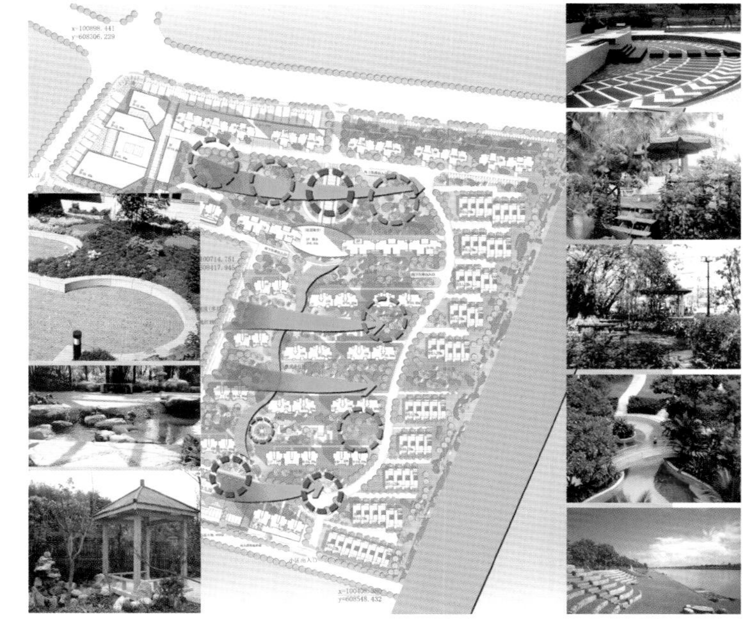

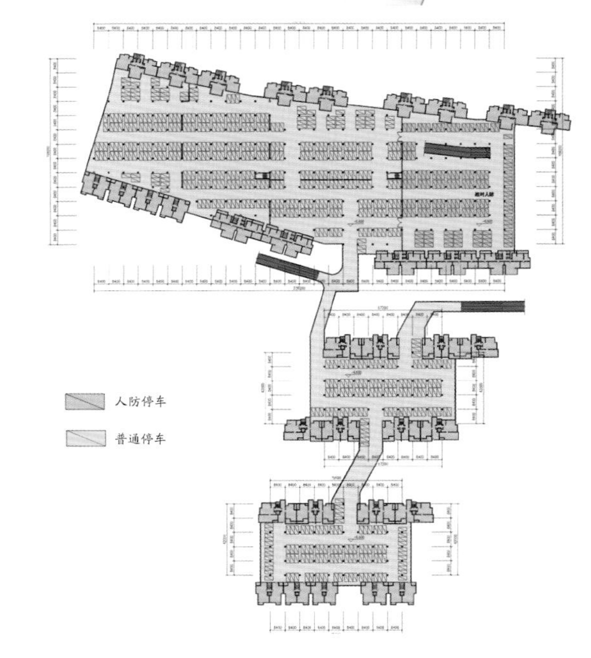

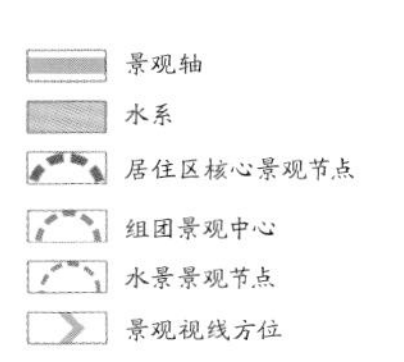

▼ 小高层一梯二单元标准层平面图

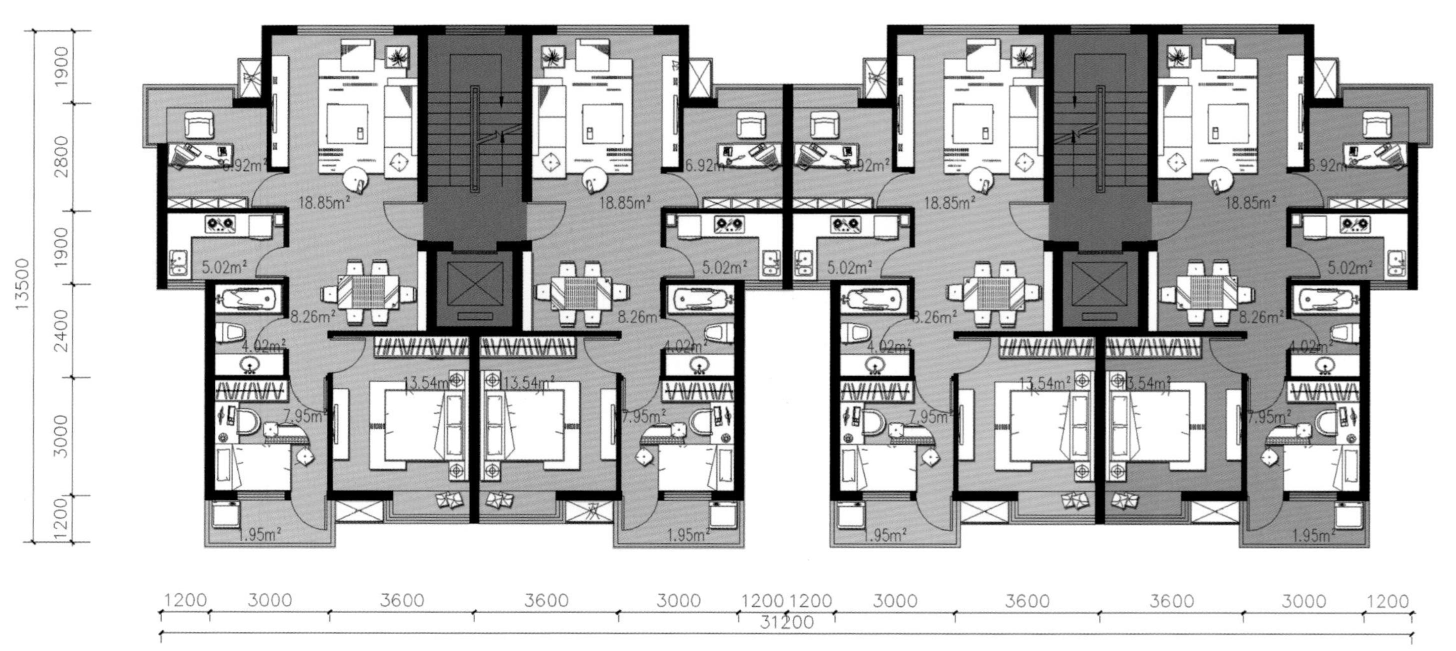

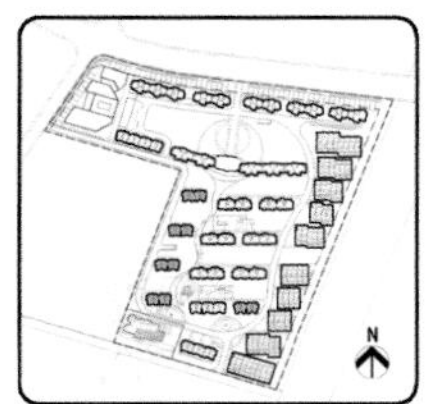

新都市主义宜居社区

项目位于宁波市鄞州投资创业中心，通过创新的“绿岛式”住宅组团布局和景观布置理念，全面打造一个新都市宜居社区。项目产品丰富，高层、小高层、联排一应俱全，以中小户型为主，同时也有250平方米左右的联排，以满足城市中等收入核心家庭置业需求为主、兼顾城市成熟富足家庭的需求。

板式布局

平面布局紧凑、规整，单元以一梯两户的板式布局为主，户型设计中强调采光和通风的重要性，每户主要房间都在有限的开间范围内保证南北通透及良好日照，同时强调舒适性和经济性。户型内部功能分区明确，空间组织合理，做到动静分区，洁污分区，干湿分离，并巧妙安排储藏空间。

坡地立体景观

项目设计充分利用地段东侧排洪通道，利用植被的不同高度，层层叠叠，互相掩映，营造坡地立体绿化水系景观，并根据不同的居住户型灵活的划分组团及分区，组团间用景观辅轴相隔，辅以景色各异的景观节点。通过道路及轴系景观所联络，整个社区形成了点线结合、多轴带多点的小区景观结构。

▼ 小高层一梯二户大户型平面图

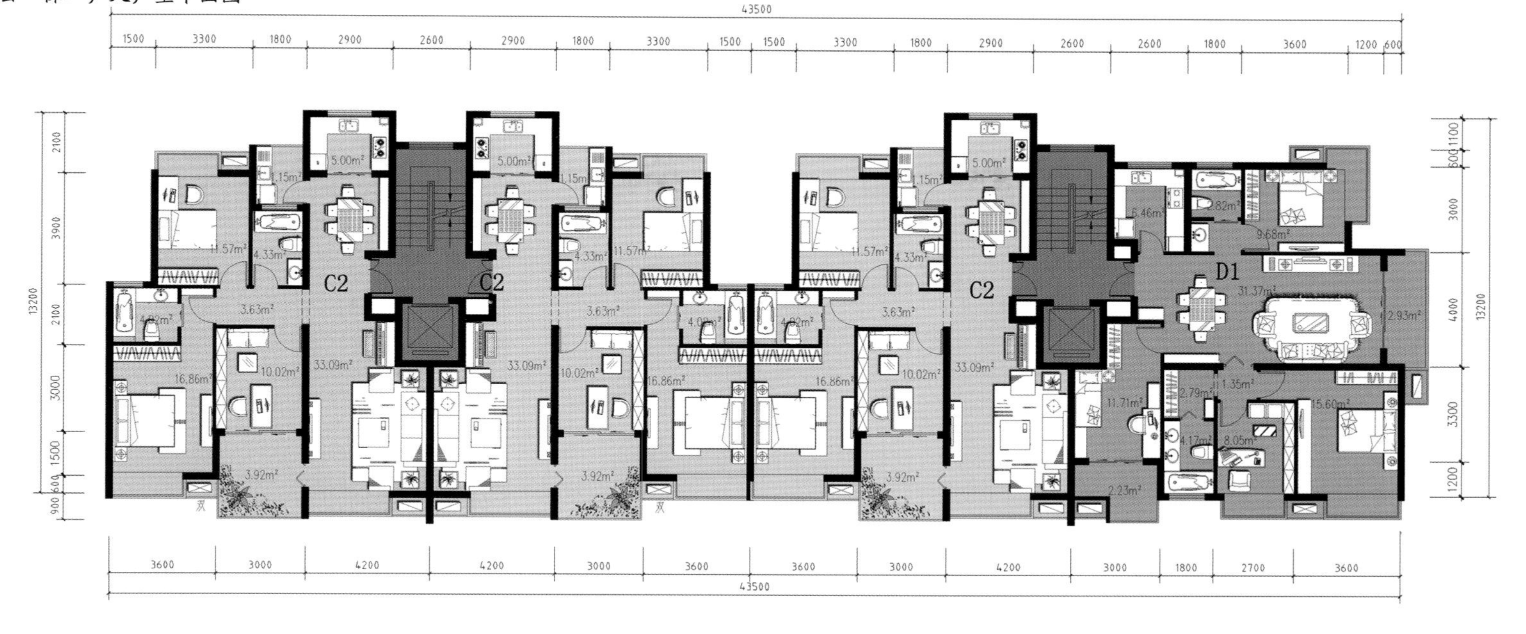

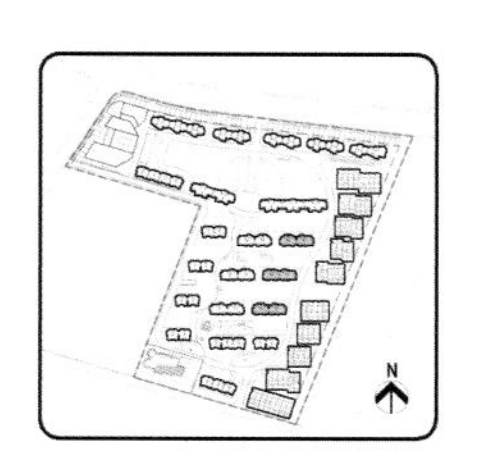

▲ 高层一梯三单元标准层平面图

▼ 高层一梯四单元标准层平面图

现代动感风格

项目采取现代简约风格，建筑线条简洁、流畅，立面以砖红色为主调，并与黑色框料、浅色玻璃相匹配，铸造精致、整体的视觉形象。

立面设计选用恰当的开窗比例，以达到节能效果。同时将太阳能集热器，遮阳板等节能装置作为立面设计的语汇，使之满足其功能的同时，达到立面美化的效果。

简约时尚风情

▶ 深圳龙岗花半里

开发商>> 深圳市恒祥基开发房地产建设公司
建筑设计>> 深圳市翰旅建筑设计顾问有限公司
项目地点>> 广东深圳
总占地面积>> 30 000平方米
总建筑面积>> 82 600平方米
采编>> 李忍

风格创新：*项目的建筑风格以简约、现代为设计主题，立面以灰白两种颜色为主，茶红色做点缀。整体造型新颖独特，从形体、颜色等多方面进行设计组合，形成和谐优美的建筑形象。*

NOTES

日本六本木的建筑风格

日本六本木的建筑风格强调的是一种现代主义，它代表了一种国际化与垂直化的设计方向。日本六本木建筑风格在深圳非常普及流行，以21世纪初龙岗花半里为开端，此后诸多的楼盘都采用该风格。

纯花院板式社区

项目由两栋29～34层的高层和六栋6～9层的多层组成，是深圳龙岗中心城首个以复式户型为主的板式结构项目。客群定位于龙岗知富阶层、公务员、私企老板、事业单位中高层、大型企业中高层管理人员等。

项目主张和谐自然的纯花院生活，在整体规划上保留地块原始地势高差及地形、地貌，充分利用周边余石岭森林公园山景、园景及龙潭公园的湖景等景观优势，以南低、北高的八栋半围合式建筑布局，在最大优化朝向、采光、通风及减低对视等设计原则的前提下，使前后楼体间距高达52米。

前庭后院式户型

项目本着"以人为本"的设计理念，引入"前庭"加"后院"的独特复式户型，尽量做到户户南北朝向、通透实用，形成"明厨、明卫、明厅、明卧"的理想化住宅，并辅以主卧落地观景窗及主卧半步式景观休闲阳台等现代住宅元素。

简约风格结合现代元素

项目在建筑设计上强调理性及逻辑性，注重形式与功能的统一，在保证经济性的基础上，整体建筑造型新颖独特，从形体、颜色等多方面进行设计组合，形成和谐优美的建筑形象。

建筑风格以简约、现代为设计主题，立面造型现代简约，以灰白两种颜色为主，茶红色做点缀，裙房用仿石漆，塔楼以涂料仿石漆相结合，肌型清新丰富。这种以灰+白+咖啡颜色为主的简约立面造型，有日本六本木的建筑风格之风，时尚兼具动感。

现代摩登风情

▶ 深圳城南雅筑

开发商>> 深圳市龙岗长海实业有限公司
建筑设计>> 深圳市瀚旅建筑设计顾问有限公司
项目地点>> 广东深圳
总占地面积>> 15 417.5平方米
总建筑面积>> 27 968平方米
采编>> 李忍

__风格创新:__ 项目采取现代简约的建筑风格,同时建筑立面采用黄金分割的色彩构成原则,从而使建筑立体层次感较强,建筑立面更加明快。

品字形围合社区

项目由三栋18层的住宅塔楼和一栋4层高的商业单体组成。住宅塔楼与商业主体相对分离。住宅塔楼沿用地北面和东面布置，商业主体布置于用地西面和东南角，与住宅塔楼形成品字形围合空间。项目客户定位为龙岗中心城年轻公务员、企业白领、私营业主等。

为使项目的景观视野更具宽广性和连续性，住宅塔楼层数控制在18层以下，朝向南偏东约7°，并且塔楼之间主次朝向的墙面均不重叠，每栋塔楼均有开扬的景观视线。此外，设计还将商业底层架空处理，使商业底层成为庭院空间的一部分。

高实用率户型

户型采用大面度小进深的平面类型，采光通风良好，居住的舒适性高，平面方整规则，空间布局收放合理。主要使用空间设计落地凸窗，使室内空间更显开阔舒展。绝大部分户型均设计了双阳台，景观阳台和服务阳台主次分明，尺度合理舒适。

住宅塔楼采用一梯五户和一梯六户的布局方式，户型面积50平方米～100平方米，标准层面积约380平方米～415平方米。在保证户内南北通透的同时尽量减少交通走道的长度，使公共空间紧凑实用，实用率接近85%。

现代风格结合创新立面

项目的整体建筑强调功能性设计，同时立面线条简约流畅，色彩对比强烈，呈现出简洁明快、实用大方的特点。

建筑立面采用黄金分割的色彩构成原则，以砖红色、米白色和深灰色面砖为主，色彩分明，对比强烈，通过材质肌理的编织，使得建筑立面更加明快。

不同功能体采用不同的材质，主墙面为砖红色和半米白色面砖相互交替，交通体为深灰色面砖，局部梁板构件采用米白色外墙涂料，商业裙房（单体）为米色石材。

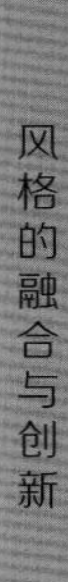

现代风格 科技元素

▶ 武汉融科·天城三期

开发商>> 融科智地（武汉）有限公司
建筑设计>> WSP建筑设计
项目地点>> 武汉市江岸区
占地面积>> 60 935平方米
建筑面积>> 241 236平方米
采编>> 张培华

***风格创新：**项目整体建筑规划采用水的元素，充分融入现代建筑设计的语言，体现现代化流畅、丰富的空间意境。同时采用武汉首个全玻璃幕墙外立面设计，立面效果通透，增加外部景观对建筑内部的自然渗透。*

1001看话剧
82842366

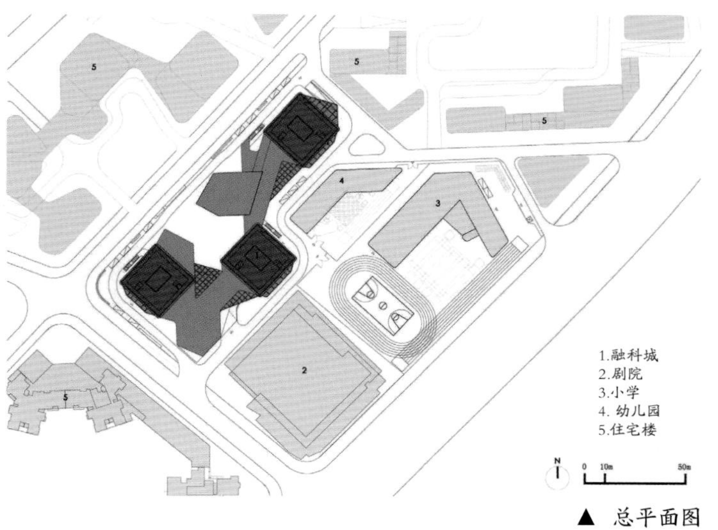
1.融科城
2.剧院
3.小学
4.幼儿园
5.住宅楼
N
0 10m 50m

▲ 总平面图

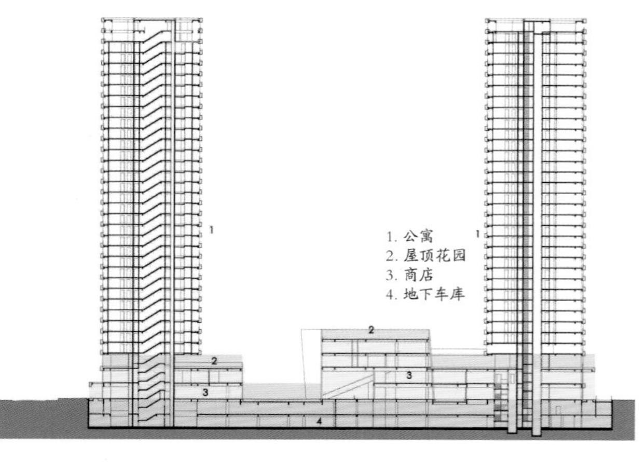
1. 公寓
2. 屋顶花园
3. 商店
4. 地下车库
0 10m 20m

▲ A–A 剖面图

▼ 首层平面图

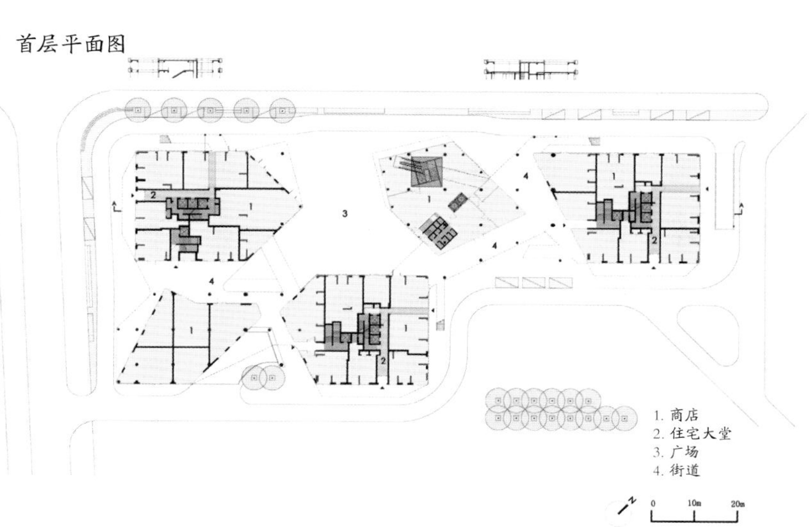

1. 商店
2. 住宅大堂
3. 广场
4. 街道

▼ 二层平面图

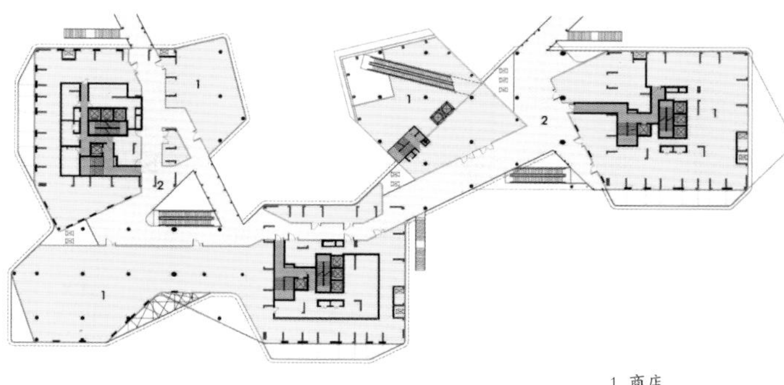

1. 商店
2. 室内街道

▲ 典型楼层平面图

0 5m

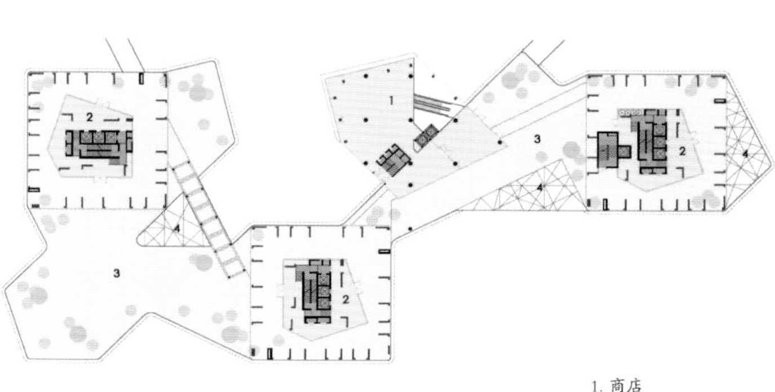

1. 商店
2. 大堂
3. 屋顶花园
4. 屋顶

▲ 三层平面图

“∞”型规划布局

项目由3栋32层高的建筑组成，3栋楼之间互相联通，楼下1～3层为商铺，4层为空中景观花园，4层以上则为住宅，3梯7户，户型面积涵盖47平方米～130平方米。

东北侧后续住宅地块各高层住宅亦呈环状布置，周围布置沿街商业，与西侧的中心商业广场结合形成“∞”型的布局。高层住宅考虑到武汉南方地区的气候特点，采用了长板式，南北朝向，确保日照通风条件的良好。项目凸显浓厚个性色彩的规划设计，获得了为追求个性的城市精英阶层所关注。

现代风格与时尚科技元素

项目整体建筑规划设计取水的流线、优美之感，充分融入现代建筑设计的语言，体现现代化、流畅、丰富的空间意境。在单体平面及商业平面多采用圆角及流线形处理，以裙房为空间造型手段，强调水平线条，犹如荷叶上扩散开来的水露，并表达"自然建筑，绿色建筑"的概念。

住宅立面以时尚现代的Low-E 中空玻璃、彩釉玻璃、穿孔铝板、百叶为元素，体现现代时尚的时代气息。

商业广场在建筑造型处理上采用虚实对比的手法，立面主要以大面积玻璃幕墙面，配有金属铝百叶，线条流畅，明快，在材料的选用上，主要以花岗石贴面和小比例面砖为主。广场通畅，手法大气，充分体现了建筑物的开放性，形成了良好的休闲、购物的氛围。

NOTES

融科·天城三期建筑创新的由来

武汉是千年"江城"，更有"水都"之称，水是武汉城市的依托，水文化也是武汉的文化特征。由水文化的思考，融科·天城三期在高层建筑设计中，通过犹如荷叶上扩散开来的水滴形态的底层架空连廊进行平面和立体的连接，形成分散但不分离的高层建筑组群。

T15

星巴克咖啡

RESTAURANT & BAR
旺铺招租

RESTAURANT & BAR
RESTAURANT & BAR
随园膳坊
精致家常菜
STARBUCKS COFFEE
STARBUCKS COFFEE
星巴克咖啡

CHILDREN'S INTERNATIONAL SCHOOL
International Education

HAPPY
CHILDHOOD
restaurant

时尚国际风情

▶ 珠海万科珠宾花园

开发商>> 万科地产
建筑设计>> 上海日清建筑设计有限公司
项目地点>> 珠海市吉大区
占地面积>> 109 917.44平方米
建筑面积>> 201 906.14平方米
采编>> 盛随兵

风格融合：*项目的五栋高层建筑极具现代感，在立面设计中，通过大面积玻璃、铝板等建筑材料的装饰，将现代风格的建筑特点全面地诠释出来。*

现代都市复合社区

作为原珠海宾馆用地，项目结合改造和新建力图创建一个集中商业、酒店、住宅为一体的复合社区。项目分为四期建设，产品类型包括3栋6~8层带电梯叠拼别墅，5栋约27~43层的高层、超高层洋房，约15 000平方米的街区商业和约35 000平方米的高端星级酒店。项目业主以珠海本地自住客为主占9成以上，兼有少量外地投资客。

► 总平面图

现代风格融入科技元素

项目的高层建筑从国际、简约、大气的设计角度出发，力求营造现代感与时尚感并存的立面形象。外立面大面积运用高级铝板幕墙、玻璃幕墙等高光感材料，并通过窗与墙面横、竖向元素的穿插组合，形成现代艺术的建筑风格。

在细节设计中，广泛运用科技节能措施，如引进铝合金窗通风系统，窗体本身携带新风口，靠自然风压与室内形成换气，促使户内空气与户外新鲜空气瞬时交换，根据珠海沿海城市气候特点，具有优越的耐腐蚀性。

NOTES

与现代元素交融的岭南风格

岭南建筑善于利用钢筋混凝土框架特点，创造通透空间及虚灵形体，形成清新明快的建筑形象来，同时借鉴古代亭台楼阁原型，使新建筑千姿百态，气象万千。

现代元素具体表现在建筑材料的运用上，如具备抗震、消防、绿色、环保等材料，可实现建筑的现代功能，让历史建筑发出新声。

岭南风格园林

项目原由岭南建筑大师莫泊治设计，园林景观以岭南风格为基调，揉合东西方设计特色，是珠海的“大观园”。改造后，通过对原有独特的园林风貌进行了完善与升级，采用演化的现代岭南风格与原有空间相呼应。

另外，通过对社区周边的热量进行科学分析，在社区内布局20 000平方米私家山体公园，并通过小区高楼之间的整体布局，小区内硬化地面的合理布置，与石景山融合共生。

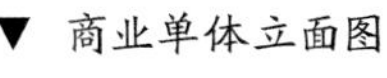

▼ 商业单体立面图

时尚简约风情

▶ 福州万科金域榕郡·高层

开发商>> 福州市万科房地产有限公司
建筑设计>> 上海日清建筑设计有限公司
景观设计>> 北京创翌高峰园林工程咨询有限责任公司
项目地点>> 福州市晋安区
占地面积>> 160 533平方米
采编>> 盛随兵

风格融合： *项目的高层建筑采用现代简约风格，简单沉稳的立面颜色、线条硬朗的立面转折，以及比例适度的外观造型，均体现出极具现代感的建筑形象。*

▼ 总平面图

▼ 高层6~9层平面图

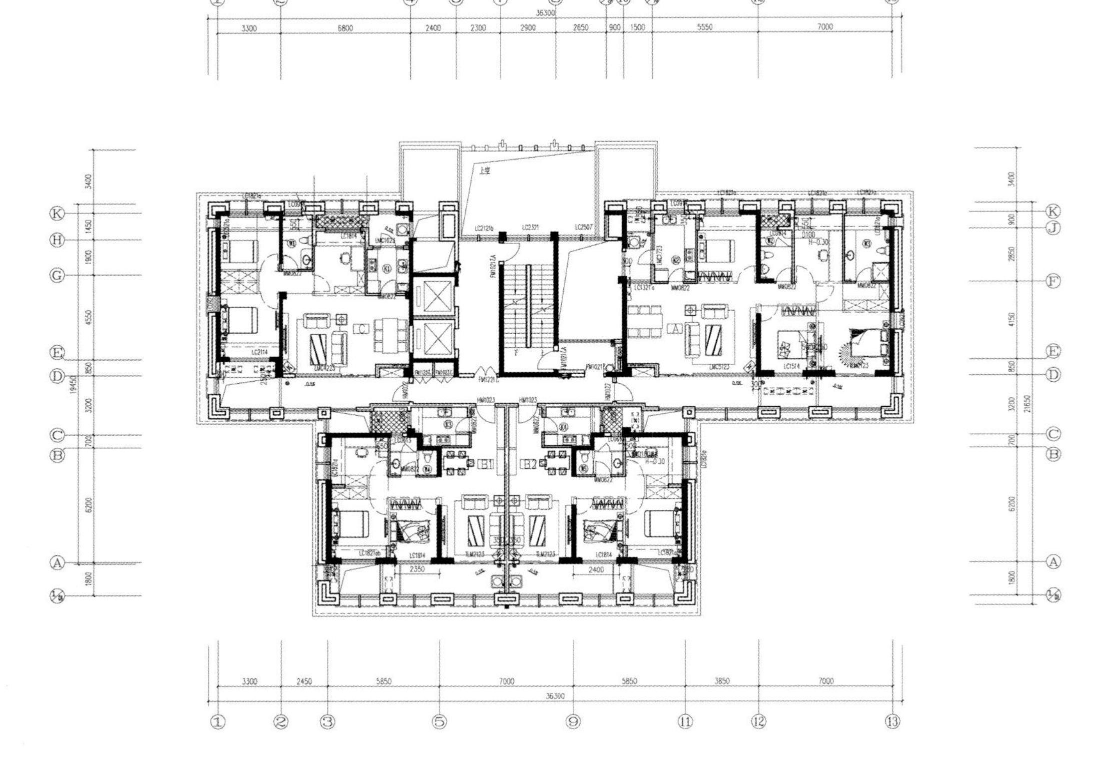

现代生态人文社区

作为万科地产进驻福州的首个高端住宅，项目秉承“金域系”产品品质，以“历史中创建未来”的开发理念，将原福泰钢铁厂的厂区布局和用地功能进行有机调整，保留厂区内几十年的工业历史印记及原生树木，力求在尊重历史文脉的过程中重构一个具有浓郁地方特色和文化气息的人居空间。

整体规划上，高层产品环绕用地东北西三面，和南面的公园形成大院落，院落中央为多层住宅；入口处及中心区结合原老厂房打造中央景观示范区；户型种类丰富，78平方米～135平方米的原创高层，以优越的空间布局创造超值附送面积。

现代风格搭配简洁立面

项目的高层建筑采用现代简约风格，以凸显时代特征为主，没有过分的装饰，一切从功能出发，讲究造型比例适度、空间构图明确美观，强调外观的明快、简洁。体现了现代生活快节奏、简约和实用，但又富有朝气的生活气息。

▼ 高层14~25层平面图

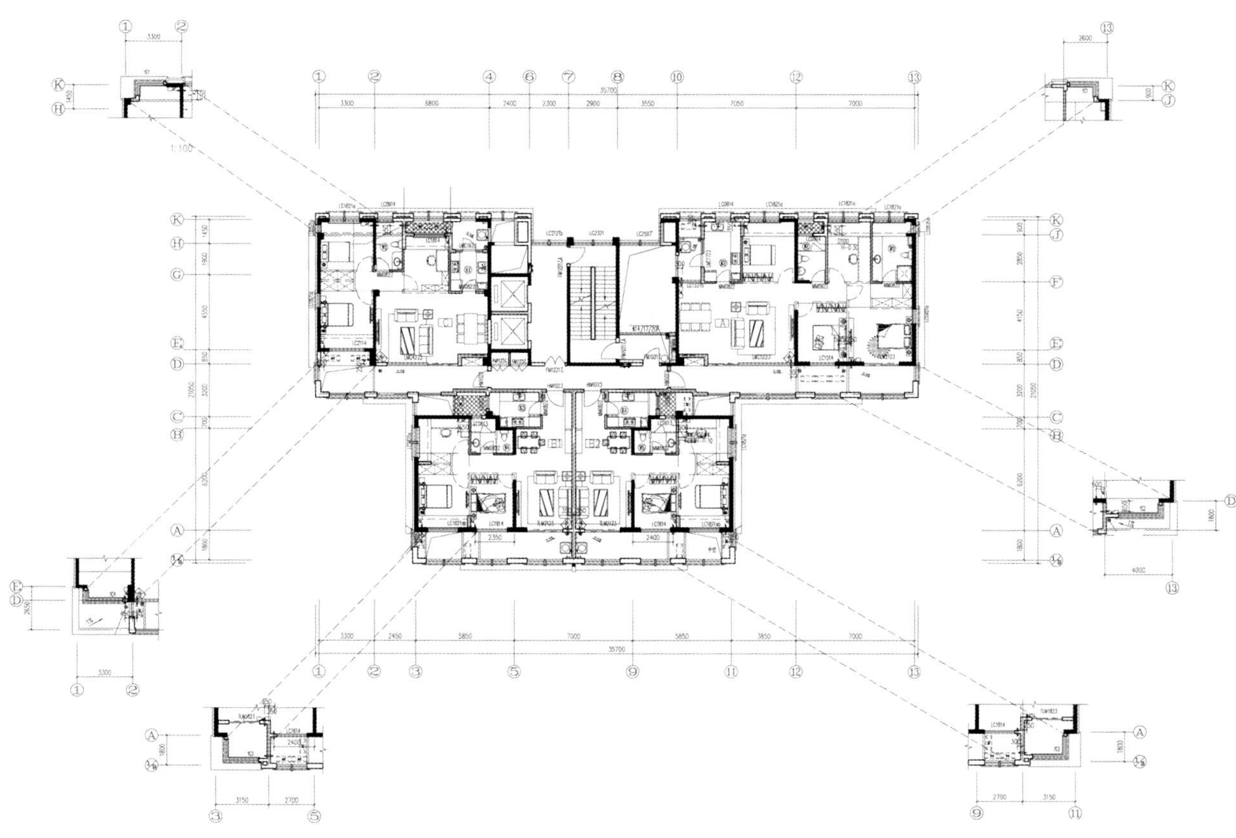

时尚动感风情

▶ 深圳潜龙曼海宁花园

开发商>> 深圳市潜龙实业集团有限公司
建筑设计>> 深圳市瀚旅建筑设计顾问有限公司
合作设计>> 美国SBA建筑设计有限公司
项目地点>> 广东深圳
占地面积>> 50 000平方米
建筑面积>> 246 000平方米
采编>> 李忍

风格融合: *项目汲取当代经典高尚住宅建筑的特点，在设计中建筑底部和入口门廊处采用石材进行强调。具有醒目质感的砖墙，华美的大窗与阳台、飘窗和玻璃栏杆相映成趣，展现出现代建筑美感。*

▼ 总平面图

MIX开放型社区

项目由14栋26～28层的高层建筑组成，其中包括一栋28层的高档酒店式公寓，是一个集高尚住宅、酒店式公寓、休闲商业为一体的综合商住项目。

依据项目地块的分布特性，潜龙曼海宁花园以“将两个地块规划成为有机整体”为规划原则，借鉴美国高层建筑的MIX开放型社区的规划建筑理念，将南、北两区的园林和建筑布局独立规划，各成一体，各富特色；同时，又通过统一两个社区的入口风格、围墙、雕塑、地面用材、景观等设计元素，使其形成相互融合的一个整体。

双板楼扣合式户型设计

项目住宅为板楼设计，住宅平面为品字形结构，并以中小户型设计为主。项目独创双板楼扣合式设计，通过前后两栋板楼的错综扣合，将后排户型横向延展，从而令前后排户型一致具有南北通透的效果。

小型车
小型车
大型车

NOTES

MIX社区定义

欧美等发达国家，为契合城市的可持续发展以及便利的生活环境，住宅建筑均强调MIX开放型社区与城市功能的融合，从而诞生出现代MIX Street（复合街区）。而中国住宅则更强调私密性，因此结合世界趋势及中国习俗，潜龙曼海宁花园将住宅的私密性、商业的开放性、酒店式国际公寓的自由性有机融合。

风格的融合与创新

▼ R1剖面图

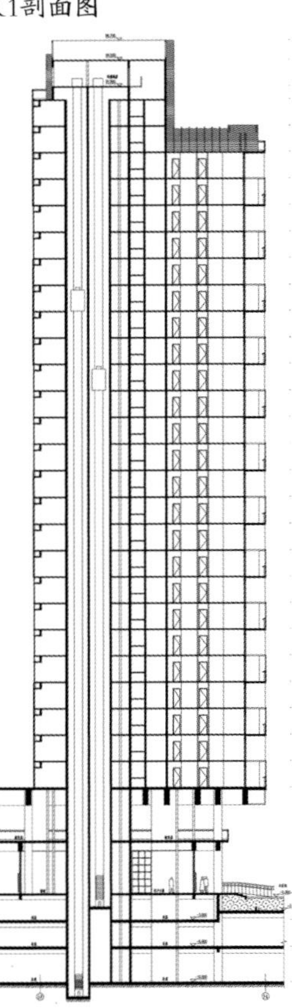

现代风格结合光感立面

在建筑立面上，每四层一次线条转换，跳跃递进，纵横交错，形成特有的跃动纺织肌理，呈现出时尚动感的独特魅力。将精致的外挂金属铝板、空调百叶、窗体及阳台巧妙搭配，形成独特的视觉软化层。

项目依据材料的光影反射效果与吸光造影特性，同时根据日照特点，在建筑的南北、东西立面，分别巧妙地采用了银灰色铝板和具有吸光造影特性的中黄色名贵陶板，使外立面随着太阳角度与光照强弱的不同，产生出神奇变幻的光感效果。

▼ R1立面图

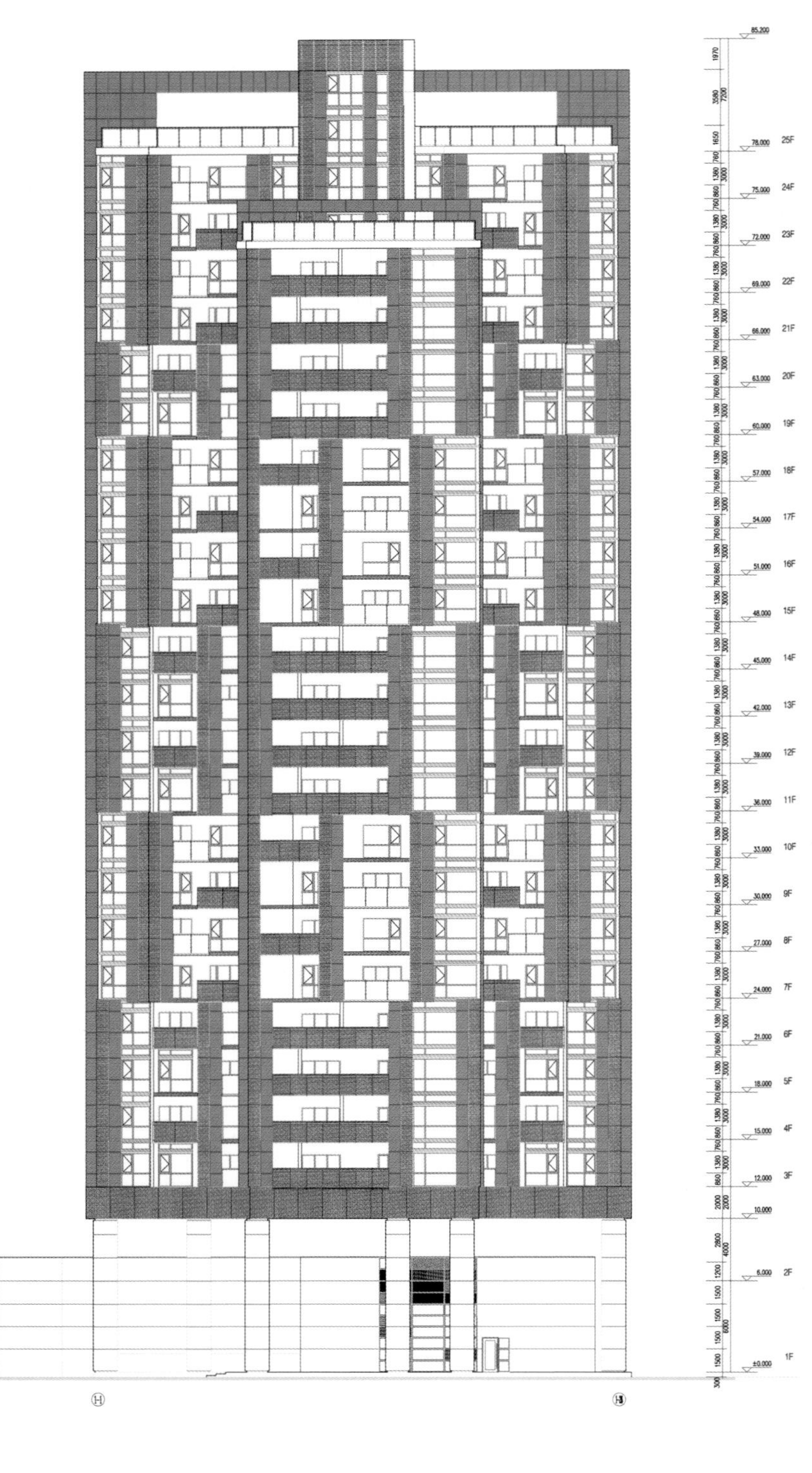

▼ R1平面图

简约复古风情

▶ 深圳清湖花半里

开发商>> 深圳市恒和基房地产开发有限公司
建筑设计>> 深圳市瀚旅建筑设计顾问有限公司
项目地点>> 广东深圳
总占地面积>> 64 000平方米
总建筑面积>> 204 000平方米
采编>> 李忍

风格融合：项目建筑采用现代典雅的立面风格，以灰白两色为主，枣红色做点缀。立面造型语言遵循“功能决定形式”的现代主义定律，竖向构图自下而上，同时隐含经典的“三段式”原则，既简洁又不失庄重。

现代+简约
33F
34F
11F
21F
4F
1F
2F
3F
商业
地下室
社区文化室
用地红线

西南总体鸟瞰

围合式混合社区

本案为集住宅、商业与办公的大型综合社区。住宅部分由两栋29～34层高层和六栋6～9层多层、小高层组成，户型以三房、四房为主。项目是以专门针对龙岗知富阶层、公务员、私企老板、事业单位中高层、大型企业中高层管理人员等中高端客户。

项目整体规划通过多层次的空间组织，使社区与城市既保持直接的关联，又能相对独立，隔绝相对喧闹外部环境，形成具有一定围合感的社区内在生活空间。

“V”型空中合院

项目首创“V”字型空中合院模式，一梯八户，户户都有充足的南向日照。四台电梯分为两组相对独立的电梯厅，由北面连廊及空中花园连为一体，平台花园为住户提供便捷的邻里交往活动空间。规划布置于用地西侧，全方位多角度获取庭院园林及城市绿地景观。

▼ 5–8号楼立面图

南立面图　北立面图　东立面图　西立面图

▼ 9号楼立面图

南立面图　北立面图

现代风格结合三段式立面

建筑采用现代典雅的立面风格，以灰白两色为主，枣红色做点缀。立面造型语言遵循"功能决定形式"的现代主义定律，竖向构图自下而上，既简洁又不失庄重。立面造型元素以外挑的阳台和空调百叶为机型，编织清晰的风格图案。

建筑材质以质感外墙涂料和陶土面砖相结合，既实现项目经济性的要求，又体现了现代主义建筑的理性质朴的核心建筑观。建筑细部主要通过材料自身的肌理搭配和功能构件的精心设计来表现，尽量避免纯粹的装饰构件。

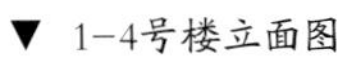
▼ 1-4号楼立面图

内外景观交融

小区景观分为内外两重景观体系。外部景观主要来自西面的观澜河及北面的交通绿岛，设计将庭院园林和城市绿地融为一体，扩大社区的景观面，结合半地下车库标高，小区庭院园林地坪比城市绿地的高出3米，为小区提供更高景观视点。

设计充分考虑建筑景观视线，让尽可能多的户型朝向开阔的景观面，东面塔楼以西南朝向为主，面向内庭院。西侧塔楼沿建筑控制线做不同角度的朝向偏转，与城市道路保持良好的几何关系，从多个方向获取城市绿地景观与小区园林景观。

索引